筋肉のしくみ図鑑

肌肉構造大圖鑑

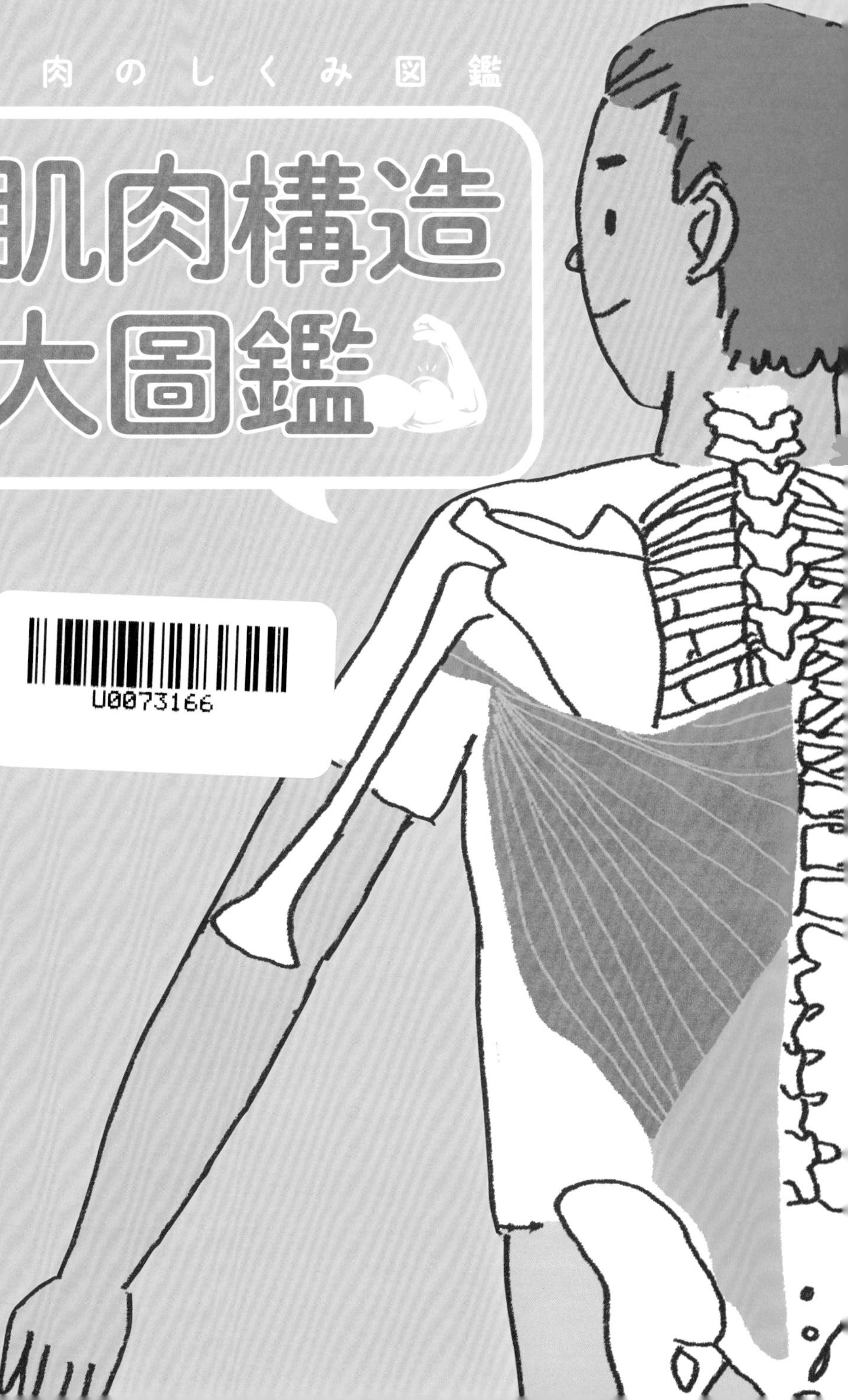

前言

近年來，愈來愈多人在日常生活中慢跑、鍛鍊肌肉、參加健身俱樂部……，做一些「讓身體動起來」的活動。這個現象的興起，應該是我們已經開始意識到，現代社會中日常環境的生活品質（Quality of Life，簡稱ＱＯＬ），以及健康壽命的重要性。

人類的身體是由各種不同的內臟器官、器官、骨骼，以及本書的主角「肌肉」所組成，它們透過人體複雜的連動機制來運作。運動器官的工作是讓我們享受走路、跑步、運動的樂趣。

運動器官是與人體運動相關的骨骼、肌肉（骨骼肌）、關節、韌帶，以及肌腱的總稱。我們平常之所以能夠輕鬆地從事運動，正是因為這些運動器官使身體有效地產生動作。

有時我們的身體會在生活中出現各種不適或疼痛感，諸如肩膀僵硬、腰痛、膝蓋痛等問題。如果想遠離這些疼痛，就應該多了解自己的身體構造，以及每一種肌肉的功能；有了這些知識後，我們就能知道身體疼痛的原因，並且找出有效的預防方法或運動方式，如此便能打造出健康的身體狀態，過上更加輕鬆舒適的生活。

本書將帶你深入了解人體的肌肉知識。

我會先從肌肉的構造開始介紹，接著再分成以下四大章節——

❶ 頸部、肩膀、背部的肌肉

❷ 手臂與手部肌肉

❸ 腹部、臀部、髖關節的肌肉

❹ 腿部、腳部的肌肉

書中運用淺顯易懂的圖說，為你講解每一種肌肉的特徵與功能。

希望這本書能幫助各位打造身心健全的健康生活。

石山修盟

CONTENTS

輕鬆動起來 肌肉的集中強化運動 …… 136

你現在使用的肌肉是哪一條呢？

❓ QUESTION

捧腹**大笑**的時候…

↓↓↓

❗ ANSWER

你正活用你的**橫膈膜**唷。

★問題解答皆列在下一頁。

人體內約有400種大小不一的肌肉。話說回來，這些肌肉到底會在什麼樣的場合裡展現它們活躍的一面呢？肌肉與肌肉之間，不管在什麼時候都會互相連接牽動，發揮它們的功能。請你先動腦想一想，這裡介紹的36種動作場景，到底活用了哪些肌肉？

Q 01

QUESTION

此處肌肉
不發達，
會變**扁平足**！

Q 02

QUESTION

把報紙
夾在
腋下的時候……

Q 03

QUESTION

伸出手指
拿起
手帕的時候……

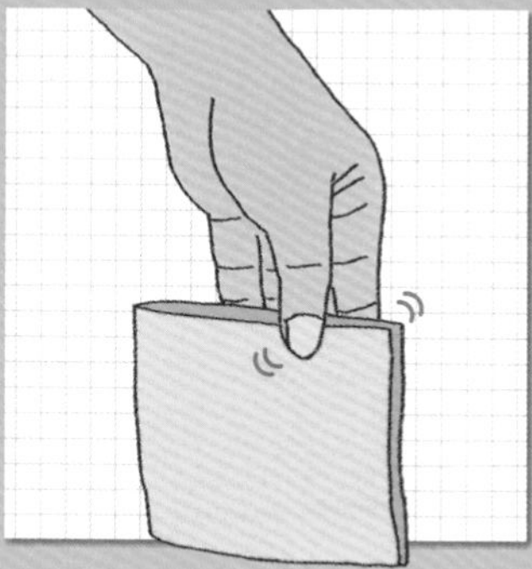

Q 04

QUESTION

用手**推開**
門的時候……

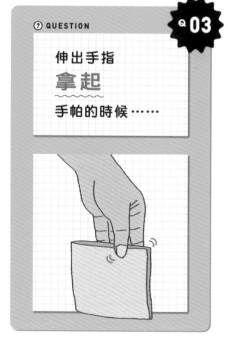

ANSWER_01

足底肌群

如果足底肌群和足底筋膜無力，或是持續承受負荷，就會造成扁平足。

→ 詳見 P134

ANSWER_02

背闊肌

當兩手騰不出空間時，我們會把報紙或雜誌夾在腋下。用胳肢窩夾住物品時便會使用到背闊肌。

→ 詳見 P062

ANSWER_03

拇指對掌肌

手指伸直，用拇指和其他手指夾住手帕的動作會用到拇指對掌肌。

→ 詳見 P092

ANSWER_04

肱三頭肌

用手推開門的時候，便會使用到肱三頭肌。

→ 詳見 P084

QUESTION

Q 05

伸手拿**高處**的東西時。

QUESTION

Q 06

打開**抽屜**的時候……

QUESTION

Q 07

用右手**向右旋轉**門把的時候……

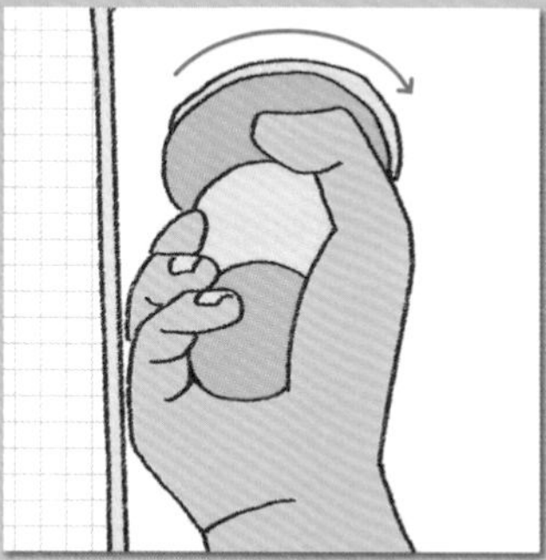

QUESTION

Q 08

雙手**撐牆**的時候……

← 答案在下一頁！

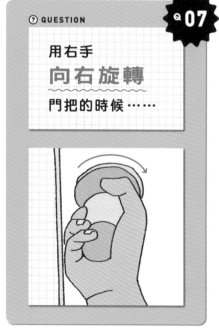

(!) ANSWER_05

小腿三頭肌

抬起後腳跟並踮起腳尖時，小腿肚的肌肉會收縮。

→ 詳見 P130

(!) ANSWER_06

菱形肌

做出打開櫃子、拉出抽屜等將物品拉近自己的動作時，會使用到菱形肌。

→ 詳見 P078

(!) ANSWER_07

旋後肌

右手握著門把，向右旋轉門把時會用到旋後肌。這個動作會讓手腕向外扭。

→ 詳見 P088

(!) ANSWER_08

胸大肌

面對牆壁，雙手打直並使勁地推牆，這時我們會使用到胸大肌。這個動作能夠有效鍛鍊胸大肌。

→ 詳見 P064

Q 09

QUESTION

在搖晃的電車上
維持站姿
的時候。

Q 10

QUESTION

握住
球的時候……

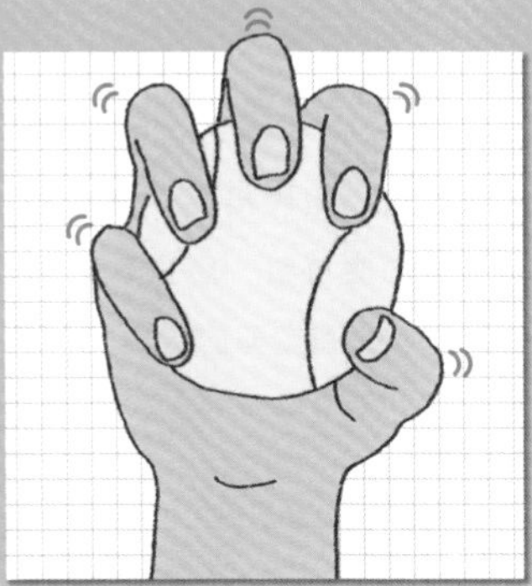

Q 11

QUESTION

穿
鞋襪的時候……

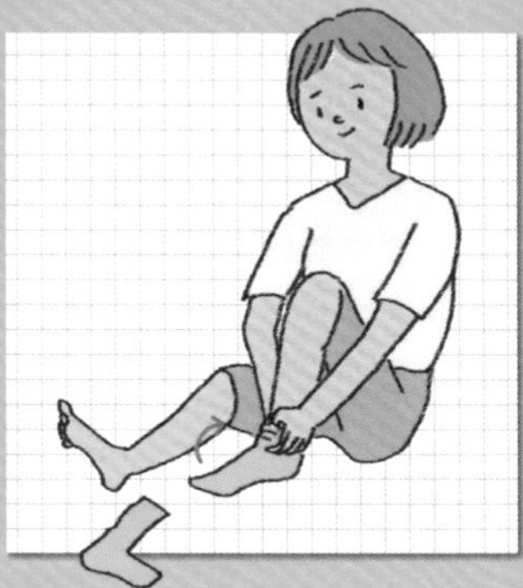

Q 12

QUESTION

走路時身體得到
支撐

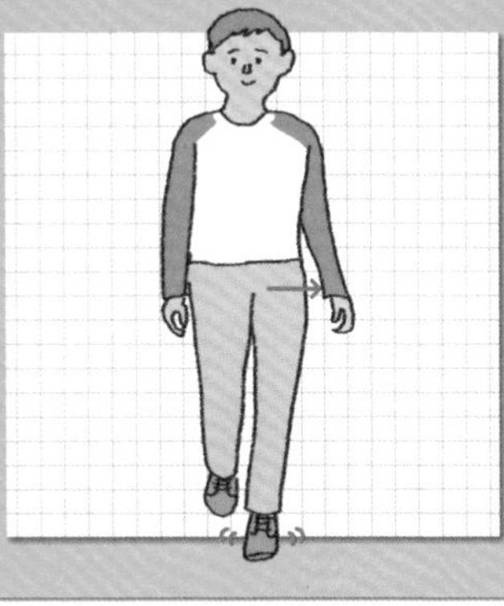

(!) ANSWER_09

腹直肌

搭電車時，我們會穩住姿勢，避免身體搖晃，這時會活用到腹直肌。腹直肌是用來維持身體姿勢的肌肉。

➜ 詳見 P102

(!) ANSWER_10

屈指淺肌

握球時會用到屈指淺肌。屈指淺肌在許多運動項目中，都屬於表現突出的肌肉。

➜ 詳見 P096

(!) ANSWER_11

脛骨前肌

在穿鞋子時，我們會抬起腳尖，這個動作便會用到脛骨前肌。

➜ 詳見 P132

(!) ANSWER_12

臀中肌與臀小肌

臀中肌與臀小肌會在走路時協助穩定骨盆。以單腳站立時，臀中肌與臀小肌也會支撐住身體。

➜ 詳見 P114

Q13

QUESTION

把小嬰兒
舉高高
的時候。

Q14

QUESTION

從椅子上
站起來
的時候。

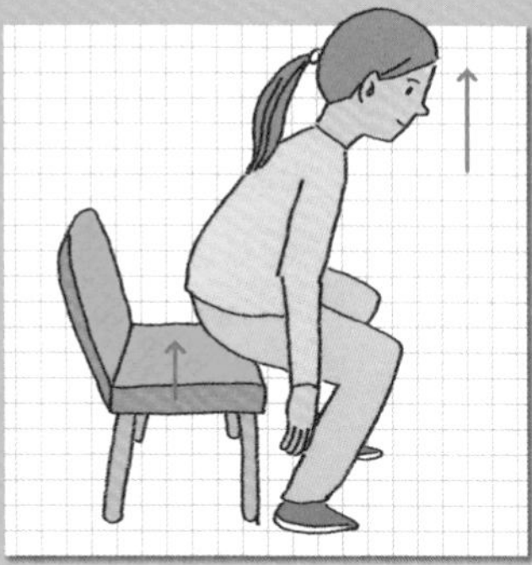

Q15

QUESTION

此處肌肉不發達
就會**摔倒**！

Q16

QUESTION

仰望
天上的飛機時……

← 答案在下一頁！

(!) ANSWER_13

斜方肌

當我們舉起小嬰兒，和他玩「飛高高」的時候，會使用到斜方肌。

→ 詳見 P072

(!) ANSWER_14

臀大肌

生活中許多動作都會用到臀大肌。從椅子上起身時即會運用到臀大肌。

→ 詳見 P112

(!) ANSWER_15

髂腰肌

髂腰肌是輔助髖關節的一種肌肉，如果髂腰肌無力，腿就會抬不起來，很容易讓身體跌倒，因此須特別注意。

→ 詳見 P118

(!) ANSWER_16

頸後肌群

當我們仰頭看天空時，會彎曲脖子，這個動作會活用到脖子後方的肌肉群。

→ 詳見 P056

Q17

QUESTION

走路的時候，
膝蓋會彎曲。

Q18

QUESTION

咬緊牙關
搬重物時。

Q19

QUESTION

從腹部
發聲的時候……

Q20

QUESTION

打排球的時候
扣球！

← 答案在下一頁！

ⓘ ANSWER_17

大腿後側肌群

走路或跑步時，我們會做出膝蓋彎曲的動作，這時會使用到大腿後側肌群。

→ 詳見 P126

ⓘ ANSWER_18

咬肌

搬重物時緊緊地咬住臼齒，這時會使用到咬肌。

→ 詳見 P060

ⓘ ANSWER_19

腹橫肌

一般來說，唱歌要從腹部發聲，此時腹橫肌收縮就會發出聲音。

→ 詳見 P106

ⓘ ANSWER_20

伸指肌

當我們打排球時，手指和手掌伸直，做出發球或扣球的動作，這時會用到伸指肌。

→ 詳見 P098

QUESTION

Q21

打羽毛球的時候

揮拍！

QUESTION

Q22

伸手**拿取**

高處的東西時。

QUESTION

Q23

拿起酒杯

乾杯的時候……

QUESTION

Q24

此處肌肉不發達，

會造成

坐骨神經痛！

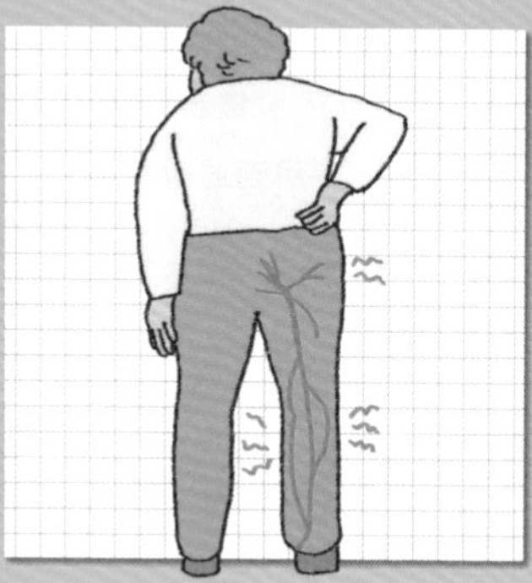

← 答案在下一頁！

ANSWER_21

腹斜肌

打羽球時，從引拍到跟隨動作，這一連串的動作都會使用到腹斜肌。

➜ 詳見 P104

ANSWER_22

提肩胛肌

伸直手臂拿架上的高處物品或書本時，肩胛骨會被拉開，手臂就能伸長。

➜ 詳見 P076

ANSWER_23

肱橈肌

高舉啤酒杯，做出「乾杯」動作時會使用到肱橈肌。

➜ 詳見 P086

ANSWER_24

梨狀肌

一旦梨狀肌失去柔軟度，坐骨神經就會被壓迫，造成身體容易出現假性坐骨神經痛的症狀，也就是所謂的梨狀肌症候群。

➜ 詳見 P120

Q25

? QUESTION

用手指拿鉛筆
的時候……

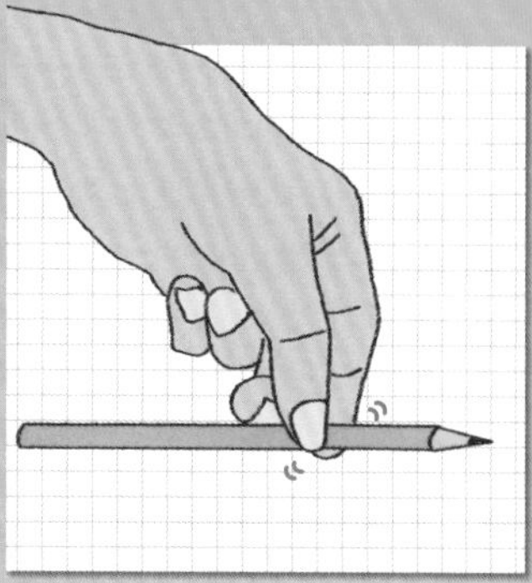

Q26

? QUESTION

投手
投球的時候！

Q27

? QUESTION

提著手提袋
的時候……

Q28

? QUESTION

雙手打直，向上
伸展背部的
時候……

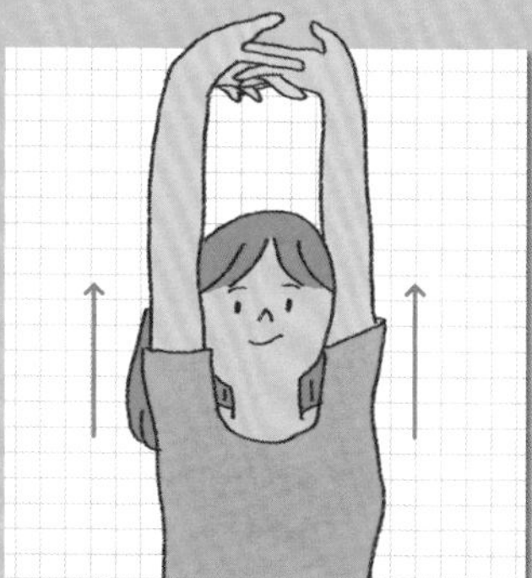

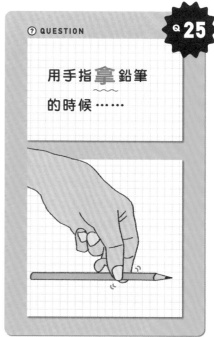

ANSWER_25

蚓狀肌

當我們彎曲手指和手掌之間的關節，撿起掉在地上的鉛筆時，這個時候便會使用到蚓狀肌。

➜ 詳見 P094

ANSWER_26

旋轉肌袖

旋轉肌袖在棒球的投球動作中扮演著重要的角色。投球動作主要會用到肩胛下肌。

➜ 詳見 P068

ANSWER_27

肱二頭肌

彎曲手肘並拿起提袋時，會使用到肱二頭肌。

➜ 詳見 P082

ANSWER_28

前鋸肌

雙手朝頭部上方做一個大大的伸展，這個時侯便會使用到前鋸肌。

➜ 詳見 P074

QUESTION

Q29

被人叫住，

回頭的時候。

QUESTION

Q30

游蛙式時的

踢腿動作！

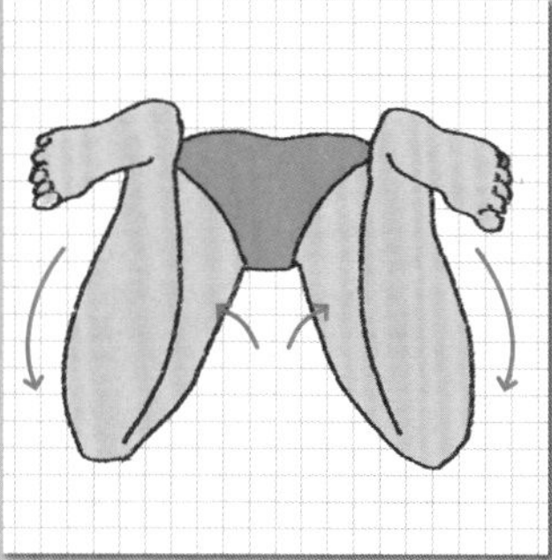

QUESTION

Q31

伸直膝蓋，並做出

跳躍動作！

QUESTION

Q32

抓頭的時候……

← 答案在下一頁！

ANSWER_29

胸鎖乳突肌

有人叫住自己，於是回頭一看，這種快速轉頭的動作會使用到胸鎖乳突肌。

詳見 P058

ANSWER_30

內收肌群

做出游蛙式的踢腿動作時，會運用到內收肌群的力量。蛙腳動作需要先將腿靠向身體，接著再踢出去。

詳見 P128

ANSWER_31

股四頭肌

股四頭肌是強大的肌肉，強而有力的股四頭肌能使我們跳得又高又遠。

詳見 P124

ANSWER_32

三角肌

當肩膀和手臂朝頭部上方伸展，做出搔頭的動作時，這時會使用到三角肌。

詳見 P066

QUESTION

Q33

單手**提著**很重的行李時……

QUESTION

Q34

用右手**轉開**瓶蓋的時候……

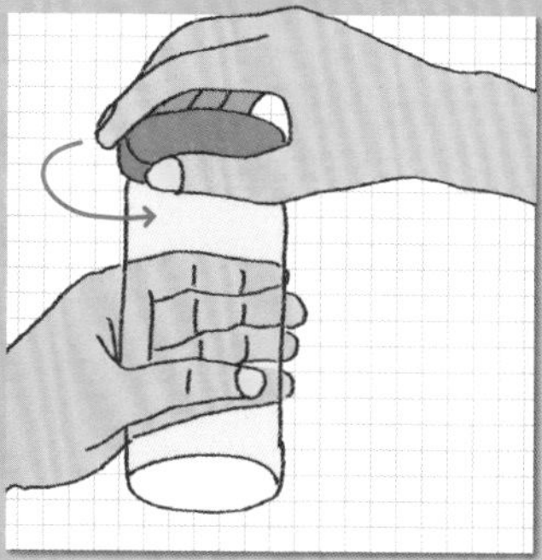

QUESTION

Q35

走路時，直直地**邁開腳步**。

QUESTION

Q36

抬頭挺胸**跑步**的時候！

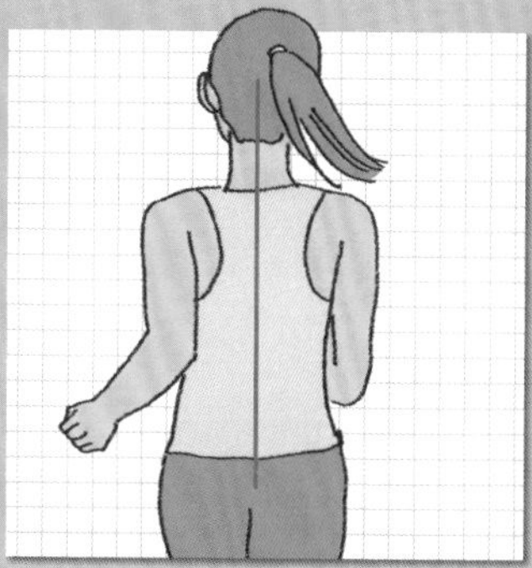

← 答案在下一頁！

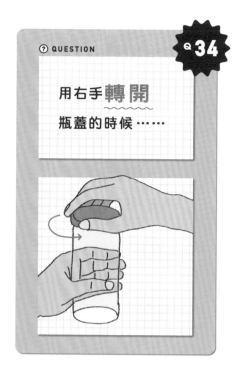

ANSWER_33

腰方肌

單手拿重物會造成身體失去平衡，而腰方肌便可以幫助我們維持穩定。

→ 詳見 P108

ANSWER_34

旋前方肌

當左手握住瓶身，右手打開瓶蓋時，這時會使用到旋前方肌。

→ 詳見 P090

ANSWER_35

闊筋膜張肌

我們走路時會筆直地邁開腳步，這個時候就會用到闊筋膜張肌。

→ 詳見 P116

ANSWER_36

豎脊肌

豎脊肌發揮功能會協助我們維持姿勢。比如說，在慢跑時，豎脊肌可以改善我們的姿勢。

→ 詳見 P070

肌肉的構造

15分鐘／快速瀏覽，馬上就學會！

人體肌肉到底有幾種？肌肉從何而來？又具有什麼樣的構造？為什麼肌肉可以讓我們使出力量呢？本章節將為你講解骨骼、關節和肌肉的基本構造，並解答有關肌肉的問題。

骨骼和肌肉共同交織出神奇的身體構造

骨骼穩固我們的身體更是維持身體姿勢的根基

如果想了解身體的運動方式，就必須先了解肌肉、骨骼和關節的組成構造與功能。骨骼是身體的根基，而人體中具有超過兩百根大小不一的骨頭。骨骼主要是由蛋白質組成的骨基質，以及磷酸鈣等骨礦質所組成。我們必須攝取鈣質，才能打造出強健的骨骼。

位於大腿的「股骨」是人體中最巨大的骨骼，它的長度相當於身高的四分之一。雖然無法一概而論，但是目前普遍認為位於鼓膜附近的「聽小骨」，是人體最小的骨頭，長度大約為2.6～3.4毫米。骨骼具有各式各樣的大小、形狀以及長度，每個人都各不相同。骨骼長度會根據人的高矮而有所不同，而骨骼的大小也會決定一個人的身體大小。

各位應該都知道，骨骼是屬於比較硬的物質，而且骨骼還會跟著人體一起成長。人之所以會在發育期長高，也是因為骨骼變長的緣故。每個人的發育時期不盡相同，男性大多發生於國中至高中階段，女性則發生於小學高年級至國中時期。

骨骼的工作

1. 支撐身體
2. 透過運動傳遞力量
3. 保護內臟或腦部等重要器官
4. 製造血液

我們從出生開始，中間經歷了發育期，接著來到20歲左右，每個人的骨頭前端（關節部分）都有骨端線，骨端線具有軟骨組織。此處的軟骨組織也稱為骨端軟骨，而生長激素會促使骨端軟骨增生。受到刺激的軟骨增生並形成硬骨，骨頭因此變長。

運動在骨骼生長方面也扮演著很重要的角色。適度的運動可以刺激骨骼，幫助骨骼生長。不只如此，運動也能夠使我們的骨骼變得更加強壯，持續的適度運動，對任何年紀的人來說都是很重要的事。

人體骨骼具有四大功能，其中最重要的工作就是支撐人體。骨骼不僅能夠幫助人體維持正確姿勢，還能適應走路、運動等各種動作，並且穩穩地撐住身體。我們必須發揮肌肉的力量才有辦法運動，如果像軟體動物一樣缺乏骨骼的支撐，那麼身體不但無法有效地傳遞力量，也沒辦法自由地活動四肢。一旦我們的骨骼變得衰弱無力，那麼身體就會無法隨心所欲地自由活動，更嚴重者，甚至有可能需要長期臥床，或是從此臥床不起。

骨骼的第二項工作，是將肌肉所產生的力量，有效地轉化，使身體部位得以做出運動動作。第三項工作，則是保護我們的腦部與心臟等臟器，這也是用以維繫生命的重要內臟器官。最後的第四項工作，便是透過骨髓製造血液。

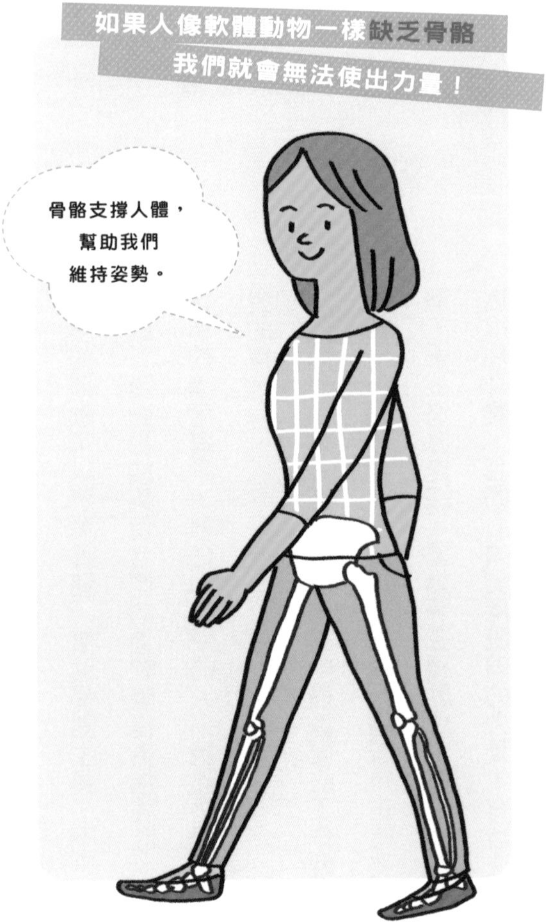
如果人像軟體動物一樣缺乏骨骼
我們就會無法使出力量！
骨骼支撐人體，幫助我們維持姿勢。

骨骼與骨骼間的連接部分覆蓋有關節軟骨

骨骼之間相連的部分稱為關節。我們能夠藉由彎曲或是旋轉關節，以做出複雜的動作。舉例來說，當我們彎曲或伸展膝蓋時，因為有一種稱為肘關節的「關節」，主要負責連接肱骨與前臂骨的部分，因此我們才能夠做出像是彎曲或是伸展的動作。

「關節軟骨」覆蓋著骨骼之間相連的地方，相對來說，關節軟骨比關節還要柔軟。關節軟骨具有彈性，可以吸收骨骼受到的衝擊。雖然關節軟骨能讓關節更容易活動，但過度運動或是身體老化，可能都會使關節軟骨失去原本光滑的特性。失去彈性的關節軟骨，表面會出現磨損或長出骨刺。為了防止這些問題發生，平時應多做伸展動作之類的運動，充分活動關節以提高身體的活動性，這一點十分重要。

除此之外，關節除了被軟骨覆蓋之外，還被一種叫作「關節囊」的囊狀組織包覆著。由於關節囊內充滿了關節液，我們才能做出流暢的動作。

韌帶負責將骨骼連接在一起，它是一種比肌肉還穩固結實的帶狀組織。通常一個關節上會有很多條韌帶，韌帶會把骨骼綁在一起，以免骨骼移位。運動時之所以會扭傷腳踝，原因便是過度伸展韌帶，造成腳踝受傷（發炎）。韌帶屬於硬組織，一旦受傷就很難治好。因此我們必須鍛鍊關節附近的肌肉，打造出強健的體魄，才能防止韌帶受傷。

可由意識控制的肌肉與無法自由控制的肌肉

肌肉的工作，是讓前面提及的骨骼和關節動起來。一說到肌肉，應該滿多人都會聯想到人的腹肌、胸膛或上臂等部位吧？這些部位稱為骨骼肌，屬於可以靠自主意識來操控的肌肉，又稱作

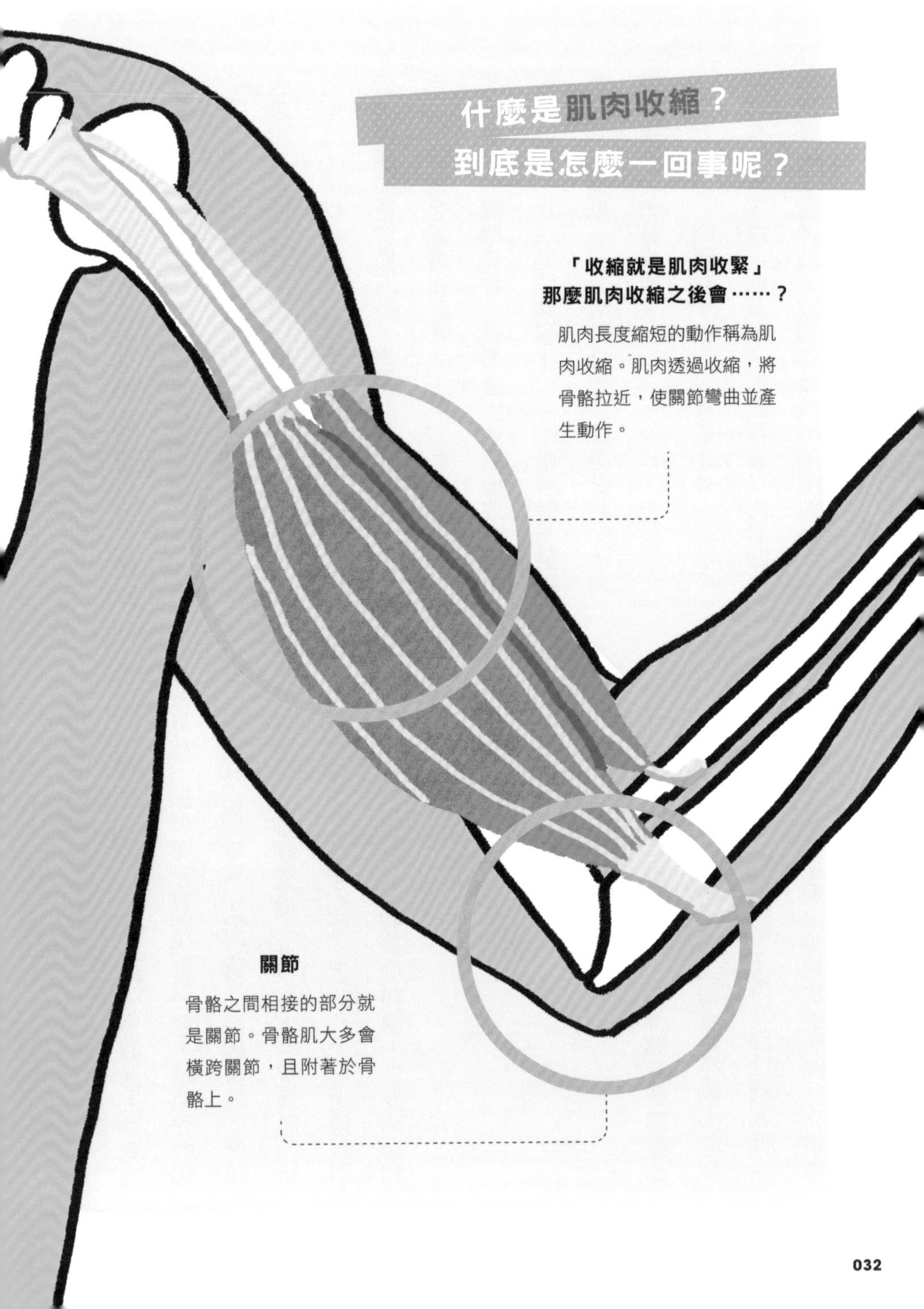

什麼是肌肉收縮？到底是怎麼一回事呢？

「收縮就是肌肉收緊」
那麼肌肉收縮之後會……？

肌肉長度縮短的動作稱為肌肉收縮。肌肉透過收縮，將骨骼拉近，使關節彎曲並產生動作。

關節

骨骼之間相接的部分就是關節。骨骼肌大多會橫跨關節，且附著於骨骼上。

「隨意肌」。骨骼肌在人體活動方面扮演著重要的角色，它們主要的工作就是讓關節動起來。肌肉大多橫跨關節，並且附著於骨骼上（請參照下方的肌肉起點與終點的插圖）。比方說，當我們彎曲手肘時，上臂的肌肉就會收縮（請參照右頁插圖），使關節往手肘彎起的方向活動。

除了上述可透過自主意識活動的肌肉以外，還有一種無法自主活動的肌肉，這一類的肌肉稱為「非隨意肌」。例如讓心臟運作的心肌，以及吃東西時幫助腸胃等內臟器官活動的內臟肌（平滑肌）便屬於非隨意肌。這些肌肉的運作和我們本身的自由意識無關，而是為了讓人體生存下去而作動。

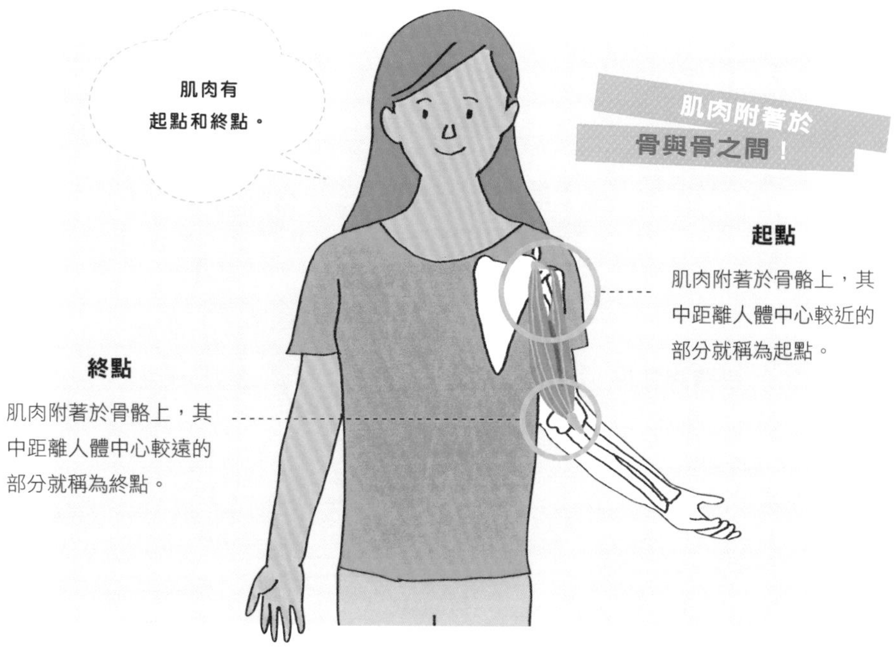
肌肉有
起點和終點。
肌肉附著於
骨與骨之間！
起點
肌肉附著於骨骼上，其中距離人體中心較近的部分就稱為起點。
終點
肌肉附著於骨骼上，其中距離人體中心較遠的部分就稱為終點。

COLUMN 01

關節動作分為4大類

1 屈曲與伸展

關節彎曲的動作，即是屈曲；關節伸直的動作，即是伸展。

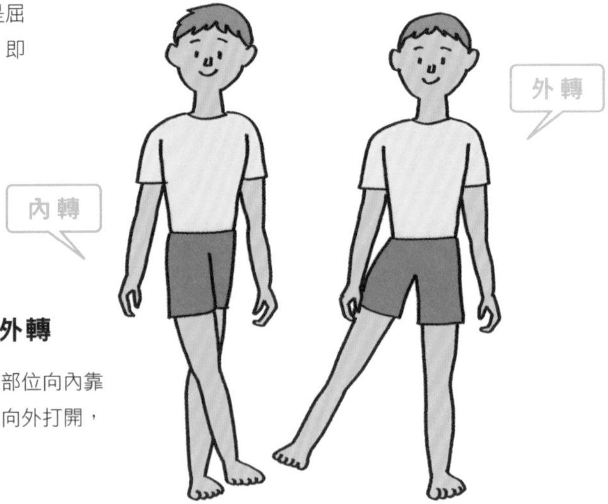

2 內轉與外轉

將髖關節等關節部位向內靠攏，稱為內轉；向外打開，則稱為外轉。

3 內旋與外旋

將膝蓋等關節向內扭轉的動作，稱為內旋；向外側扭轉，稱為外旋。

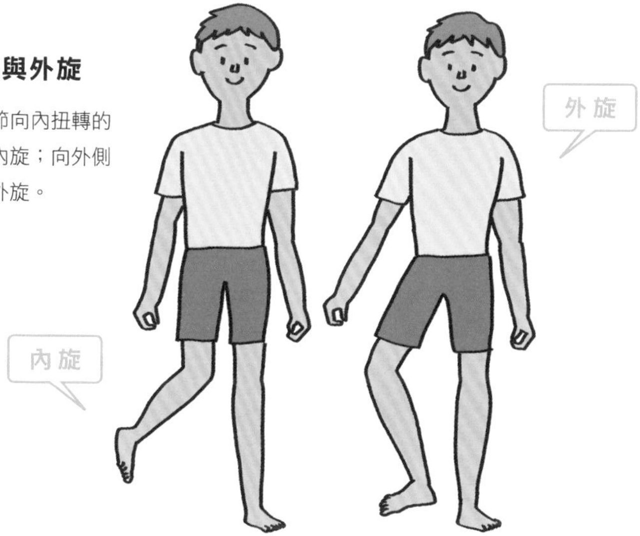

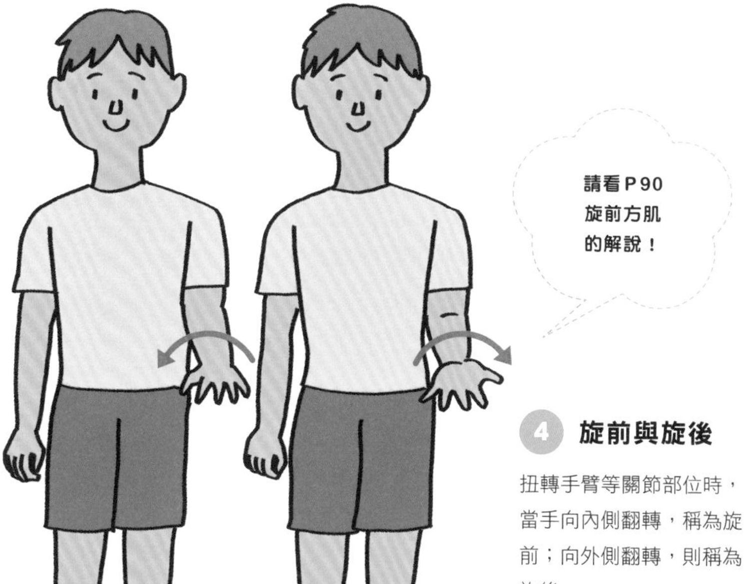

4 旋前與旋後

扭轉手臂等關節部位時，當手向內側翻轉，稱為旋前；向外側翻轉，則稱為旋後。

肌肉的真面目，了解肌肉的特徵與功能

肌肉由肌纖維聚集組成 主要成分為蛋白質

肌肉是由細長的肌纖維聚集而成。肌纖維的直徑大約為20～100微米，其中也有長達10公分的肌纖維。基本上，大部分的肌纖維就像頭髮一樣。肌纖維由許多肌原纖維構成，多條肌纖維聚集形成肌束，許多肌束外圍包覆著肌束膜，集合成一塊肌肉。

人體組成（包含肌肉）的主要成分是蛋白質。蛋白質在肌肉細胞中製造肌肉，人體藉由儲存蛋

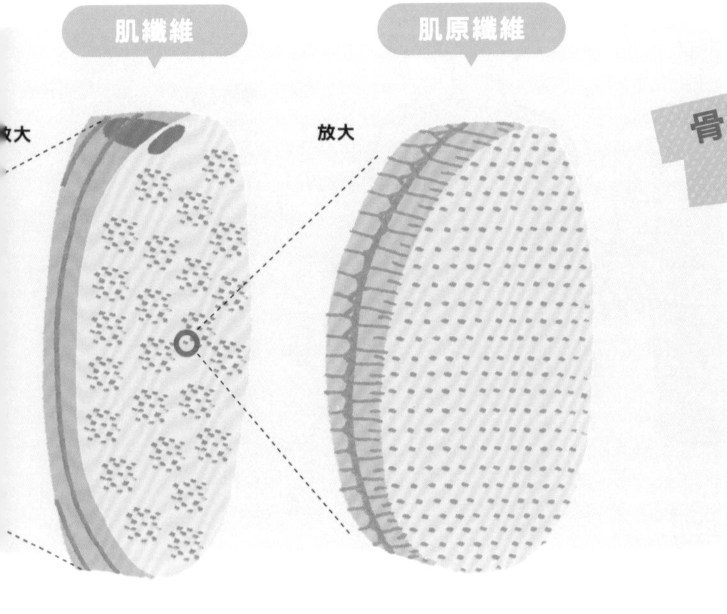

骨骼肌的構造

肌肉是由一束一束的肌纖維所組成。肌纖維是肌肉的基礎，直徑約為20～100μm。肌纖維則是由更細小的肌原纖維組成。

白質使肌肉運作。人體中約有20%是由蛋白質所組成，而構成這些蛋白質的基本單位是胺基酸。人體約有四百種大小不一的肌肉，約占體重的40～45%（女性約占35～40%）。

位於背部下半部到腋下之間的背闊肌，是人體當中覆蓋面積最大的單一塊肌肉。但如果提到全身體積的占比，臀部附近的臀大肌實屬第一名。一般來說，臀大肌所占的體積約為860立方公分。不過，如果將覆蓋在大腿正面的股四頭肌（股中間肌、股內側肌、股外側肌、股直肌的統稱）集合起來，整體體積可是相當驚人的1900立方公分！順帶一提，人體最強而有力的肌肉則是負責咀嚼的咬肌，男性咬合力約為60公斤，女性則為40公斤。

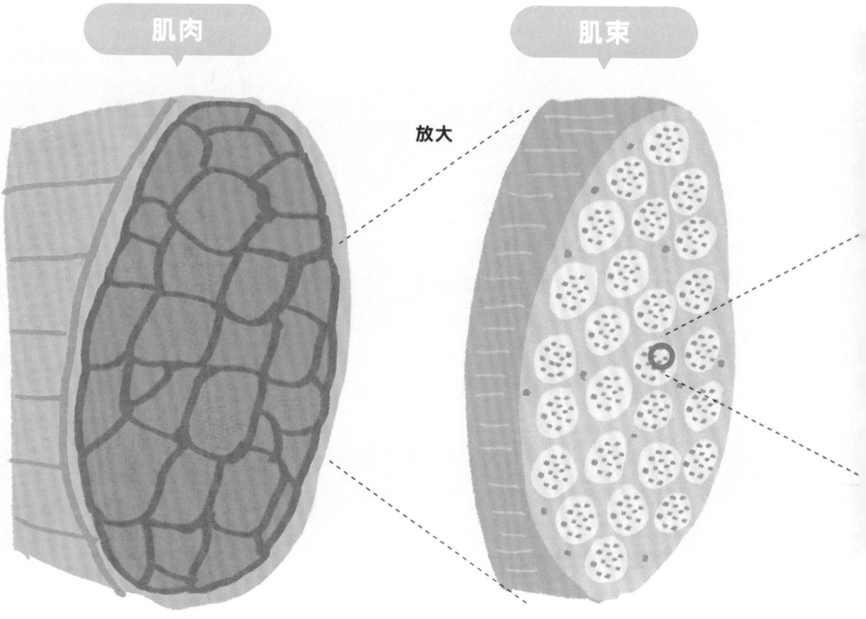

人體肌肉的體積排名

☑ 1名	臀大肌 ➡	860 cm³
☑ 2名	三角肌 ➡	800 cm³
☑ 3名	胸大肌 ➡	680 cm³
☑ 4名	肱三頭肌 ➡	620 cm³
☑ 5名	背闊肌 ➡	550 cm³

由數條肌肉組成！

☑ 1名	股四頭肌 ➡	1900 cm³ （由4塊肌肉組成）
☑ 2名	小腿三頭肌 ➡	900 cm³ （由2塊肌肉組成）

＊出處：根據醫學書院出版之《プロメテウス解剖学》製作而成。

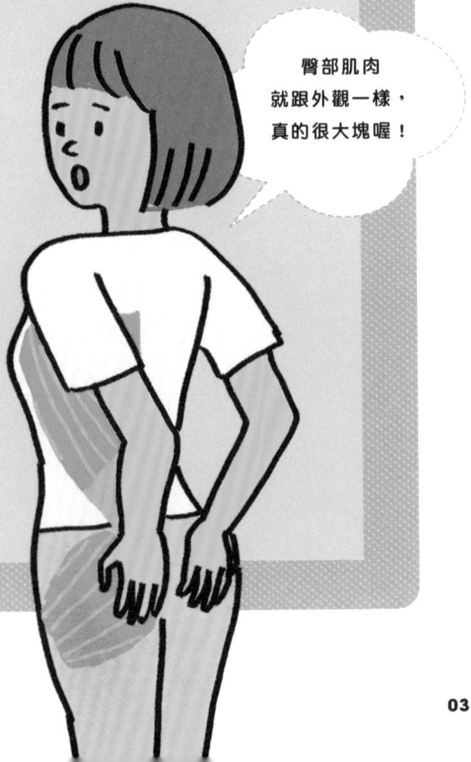

肌肉又可細分為紅色的肌肉和白色的肌肉

就像前面所提到的，肌肉是由聚集的肌纖維所組成，肌纖維可大致分為兩種類型，各自具備不同的特性。紅肌較容易透過特殊的染色劑進行染色，而白肌則不容易被染色。肌纖維中有一種叫作「肌紅素」的色素蛋白質，紅肌和白肌之所以會產生不同的顏色，正是因為肌紅素的含量不同所致。肌紅素是一種複合蛋白質，可以儲存氧氣，因此肌紅素愈多，肌肉耐力愈好。

紅肌擁有較多的肌紅素，雖然瞬間爆發力較小，卻很適合執行長時間的運動，因此被稱為「慢縮肌纖維」。相對地，白肌擅長發揮出瞬間爆發力，因此又稱為「快縮肌纖維」。而白肌還可以再進一步分成兩種類型（請參考下方圖表）。

我們可以用魚類來理解這兩種肌纖維的差異。像是鮪魚等具有紅肌的紅肉魚，又被稱為洄游性魚類，牠們可以長時間持續游泳。相對而言，比目魚等具有白肌的白肉魚則潛藏於海底，牠們可以在餌食出現時，瞬間做出快速的動作。

肌纖維的類型	爆發力	耐力	疲勞阻力
紅肌	✕	◎	◎
白肌（Type Ⅱa）	○	○	○
白肌（Type Ⅱb）	◎	✕	✕

白肌分成兩種類型。上方表格中的「Type Ⅱa」雖然肌肉收縮速度較慢，但還算有一點耐力；「Type Ⅱb」肌肉的收縮速度最快，瞬間爆發力第一，但是一種耐力差的肌纖維。

不同的運動選手
追求不同的肌肉特性

肌肉的形狀與構造不分男女都一樣！

男性和女性的肌肉類型、特性或大小略有差異，可是男女的肌肉形狀和構造幾乎一樣。男女在肌肉上的差異，與其說是性質上的不同，不如說是受到人體激素的影響。

人體會在十幾歲時進入發育期，此時身體會開始大幅成長，男女也會在這個階段出現不同的發育特徵。男性會在發育期大量分泌雄性激素，全身肌肉因此變得更發達；而女性的雌性激素則會出動，幫助身體發展成適合生育的特性。我們從男女的上半身就能看出明顯的差異。

睪固酮是一種雄性激素，它是用來打造肌肉的重要激素。想當然耳，男性的睪固酮分泌量比女性多，所以比女性更容易開發肌肉。不過女性的身體並非完全沒有肌肉，只需要透過健身加以鍛鍊，還是有機會練出大塊的肌肉。

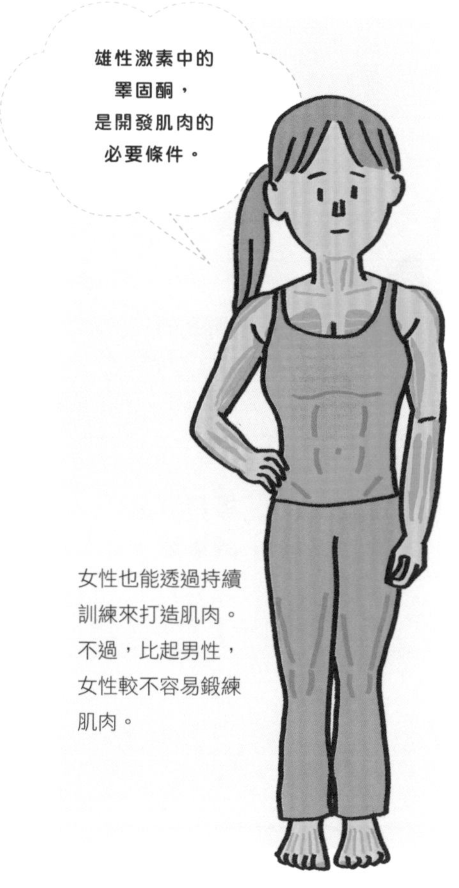

女性也能透過持續訓練來打造肌肉。不過，比起男性，女性較不容易鍛鍊肌肉。

減重期間鍛鍊肌肉
基礎代謝提高，效果超群！

肌肉比脂肪重，所以聽說有些人認為減肥期間最好不要健身，否則會增加肌肉量，但其實這是錯誤的作法。事實上，鍛鍊肌肉反而可以為減重計畫帶來巨大的成效。

減重成功的關鍵要素就是提高「基礎代謝率」，目標是打造出容易燃脂的身體。在每日總消耗熱量的分配比例中，日常活動及運動占據三成，進食時所消耗的熱量（消化和代謝）占一成，剩下的六成則被基礎代謝率所占。由此可知，基礎代謝率差的人，所消耗的卡路里比基礎代謝率高的人還要少，所以才會更不容易瘦下來。

大部分難以減重的人，都是因為基礎代謝率下降，造成能量的消耗量降低。舉例來說，肌肉量不同的人，若是攝取了相同的飲食內容，肌肉量少的人會因飲食過量而使能量留在體內，這些留在體內的能量最後就會變成脂肪。

只要提升基礎代謝率，便可以有效地增加肌肉量。只要增加肌肉量，我們生活中的能量消耗量也會跟著提高。想提高基礎代謝率的人，建議鍛鍊比較大塊的肌群，例如大腿、臀部等部位都是大塊肌肉，鍛鍊這些肌肉的好處在於它們較容易受到刺激，更容易增加肌肉量。

放任肌肉持續收縮變得愈來愈僵硬

有許多人在日常生活中，經常為肩膀痠痛、腰

只要透過健身增加肌肉量，就能增加身體的能量消耗，提高減重成效。

痛或脖子痛所苦。持續維持同一個姿勢，或是長時間集中使用特定的肌肉部位，都會造成身體僵硬或疼痛。這些動作習慣不但會使身體對肌肉的能量供應受阻，肌纖維收縮，進而導致肌肉變硬。如果因此引起肌肉僵硬，只要提高身體的血液循環，肌肉就會變柔軟。日常中我們可以藉由泡澡或按摩促進血液循環，藉此改善肩膀僵硬或腰痛等問題。

不過，若是勉強自己鍛鍊肌肉，可能會造成肌肉重複受損，導致肌纖維變硬。為了趕緊修復肌纖維，肌肉中的膠原蛋白會增生並纖維化，使肌肉變僵硬。只要在運動後進行伸展運動，或是幫肌肉按摩，就能有效減緩肌肉僵硬的問題。

如果一直使用同一塊肌肉……

1. 壓迫血管
2. 血流不好
3. 氧氣或營養流失
4. 造成缺氧
5. 體內產生緩激肽（一種改善血液循環的疼痛物質）
6. 產生疼痛感

泡澡或是適度運動……

1. 血流暫時變好
2. 解決缺氧問題
3. 抑制緩激肽的形成
4. 減緩身體疼痛

COLUMN 02

有什麼小撇步可以及早改善肌肉疼痛？

泡澡可促進血液循環 消除肌肉的疲勞物質

平常沒在運動的人，如果突然開始做起運動，通常都會伴隨肌肉疼痛的煩惱，這是因為肌肉正處於受傷的狀態。平時運動強度低，肌肉自然也會比較無力。也就是說，肌肉疼痛的原因在於，從事超出自己能力範圍的運動，導致肌肉過度操勞。不過，這也正是肌肉鍛鍊所帶來的效果。

只要調整平時運動的習慣，以自己可以承受的運動強度來加強肌肉，就能夠減輕疼痛的程度。當出現肌肉疼痛的問題時，只要用心保養，疼痛感就不會拖太久。除此之外，日常飲食習慣也非常重要，其中蛋白質、脂肪、碳水化合物三大營養素是協助人體運作的原材料，為了恢復肌肉狀態，請多多攝取三大營養素。

接下來，我們還需要加強身體的血液循環，將攝取後的營養成分傳遞到全身。良好的血液循環，可以使體內負責搬運營養物質的物流狀況更加順暢，例如泡澡就是一種好方法。

泡澡可促進血液循環，不僅能消除肌肉的疲勞物質，還能為身體補充營養和氧氣。如此一來，疲勞的身體恢復了，肌肉的疼痛感也能得到緩解。

該如何做，才能有效開發肌肉呢？

肌肉需要適度刺激 否則會功能退化、肌肉量減少

「只要適當地使用人體的器官或機能，就能使其發達；不使用則會退化或萎縮。」這是德國生物學家威廉・魯克斯（Wilhelm Roux）所提倡的觀點，又稱之為「Roux 訓練原則」。也就是說，適當的刺激可以維持或是提高肌肉的功能，但是如果沒有透過運動來持續刺激肌肉，就會造成肌肉退化。

舉例來說，當發生類似腳骨折這樣的重傷時，我們會在受傷的地方使用石膏固定，避免患部移動。傷口好了，拆掉石膏之後，令我們訝異的是受傷的腳竟然比想像中還細。肌肉就像這樣，只要不使用就會快速減少。

我們必須進行適度的運動，才能夠維持全身的肌肉量與肌力。即使平時三餐飲食正常、過著相當規律的生活作息，一旦我們疏於運動，還是會導致肌力下降。不過，過度的訓練反而會傷到身體，因此建議先找到最適合自己的運動方式，並且持之以恆地活動身體。

健身需要先破壞肌肉，讓肌肉在修復的過程中增強、增厚！

那麼，為什麼舉重物可以長肌肉呢？

我們都知道，持續進行負重訓練不僅能加強手臂或胸部的肌肉，肌肉看起來也會變得很明顯。事實上，這正是肌肉的特性。

負重訓練會對細小的肌纖維（前面提過的肌肉基本單位）施加負荷，並對肌纖維造成些微的暫時性傷害。人體接著會分泌生長因子，修復受損的肌纖維。而當肌肉進行修復時，為了能在下一次承受類似的刺激，肌纖維會變得愈來愈粗壯，肌肉量因此增加。所以肌肉恢復之後，會變得比原本更加肥厚。

運動之後出現的肌肉疼痛或是疲勞的現象，即是肌肉正在受到破壞的象徵。因此透過舉起更重的負重，藉此提高運動強度，可以有效地增加肌肉的厚度。

吃高蛋白補充品
補充飲食中不足的蛋白質

近幾年來，高蛋白補充品相當受歡迎，但是，其實只食用高蛋白並不會讓你長肌肉。高蛋白是一種富含蛋白質的健康食品，其實這種保健食品的成分和肉類、魚類或是豆類相同，所以只是喝高蛋白卻不運動的話，就只是單純地攝取蛋白質而已。

正如前面所述，我們必須透過健身訓練，對肌纖維施加負荷（破壞肌纖維）才能開發肌肉。肌肉發達的健美選手往往帶給人一種「靠高蛋白補充品讓肌肉變大」的刻板印象，但其實那是因為他們都接受了非常嚴格的重訓。為了使受損的肌肉確實恢復，他們還必須攝取定量的蛋白質，因此會藉由高蛋白補充品補足飲食中攝取不足的蛋白質。

不過，攝取過多的高蛋白同時也會增加人體負擔，同時也需要攝取大量的水分。水分不足，不僅會造成體內血液循環不佳，還會加重腎臟或肝臟分解營養素的負擔，甚至還有可能引發腎炎等問題，這點一定要特別注意。

「近年來討論度極高的高蛋白！但是！只吃高蛋白補充品其實並不會讓你長肌肉。」

蛋白質的每日建議攝取量

一般人怎麼吃？

體重每 1 kg
攝取 1 g 蛋白質

一般人的每日建議攝取量為每1kg的體重攝取1g的蛋白質。也就是說體重60kg的人，每日建議攝取60g蛋白質。

運動員怎麼吃？

體重每 1 kg
攝取 1.2 g 蛋白質

運動員每日所需蛋白質量為一般人的1.2倍，因此體重60kg的人，每日需要攝取72g的蛋白質。

主要食材的蛋白質量

（每100g的含量）

- ☑ 牛腿肉 ------ 20.7g
- ☑ 豬腿肉 ------ 22.1g
- ☑ 雞腿肉 ------ 19.5g
- ☑ 鮭魚 -------- 22.3g
- ☑ 牛奶 -------- 3.3g
- ☑ 雞蛋（1顆）-------- 12.3g

健身後除了攝取蛋白質
也別忘了補充
「維他命、礦物質與植物纖維」

如果要使肌肉發揮它的功能，我們應該吃哪些食物呢？

「蛋白質」、「醣類」、「脂質」為三大營養素，對於人類維持生命、從事各項活動而言，這三大營養素均是不可或缺的能量來源。如果想要讓肌肉發揮其應有的功能，首先必須每天確實地攝取這三大營養素。

我們人體是由肌肉、骨骼、皮膚、內臟器官、血液與激素等物質所組成，蛋白質正是上述所有器官組織的構成原料。而我們攝取蛋白質的主要來源，則是來自肉類、魚類、雞蛋、奶製品，以及豆製品等食材。

如果把蛋白質比喻成材料，那麼驅使人體產生動作的燃料就是醣類，每公克可以提供4大卡的熱量。醣類是腦部和肌肉運作的動力來源，若是身體醣類攝取不足，不僅會引起疲倦，也會讓每日的運動失去效果。

脂質和醣類一樣是人體的能量來源，每公克可提供9大卡的熱量，比醣類還要高。但是請各位注意，我們的身體實際上並沒有用來儲存多餘脂肪（脂質）的空間，若是攝取過多的脂肪，可是會造成身材肥胖變形。維持身體健康最重要的一點，就是攝取均衡的三大營養素。當然，除了這些營養之外，也要記得多吃蔬菜，攝取維他命、礦物質和食物纖維。

肌肉功能中不可或缺的三大營養素

蛋白質
肉類、魚類、蛋類、奶製品、豆製品等

醣類
飯類、麵包、麵類等五穀根莖類

脂質
植物性油脂、動物性油脂等

「絕不可偏食！務必謹記在心，三大營養素要均衡。」

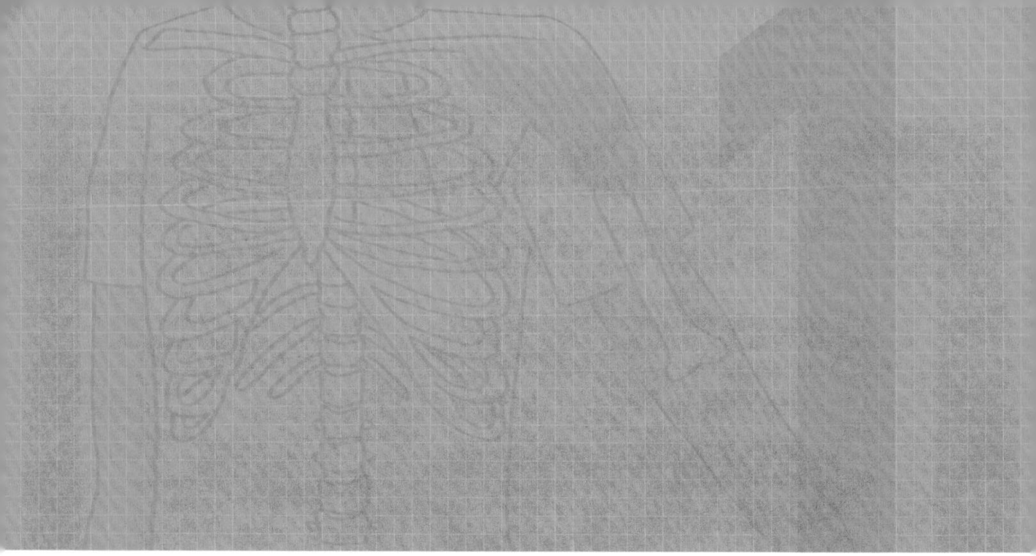

圖鑑

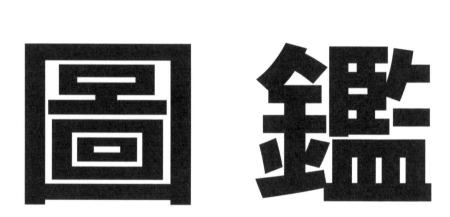

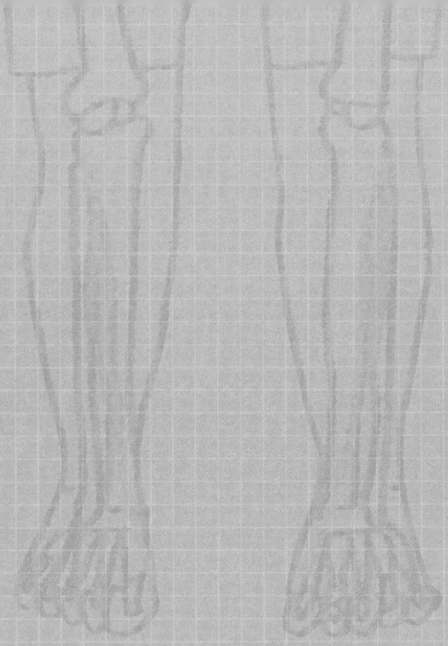

3 肌肉

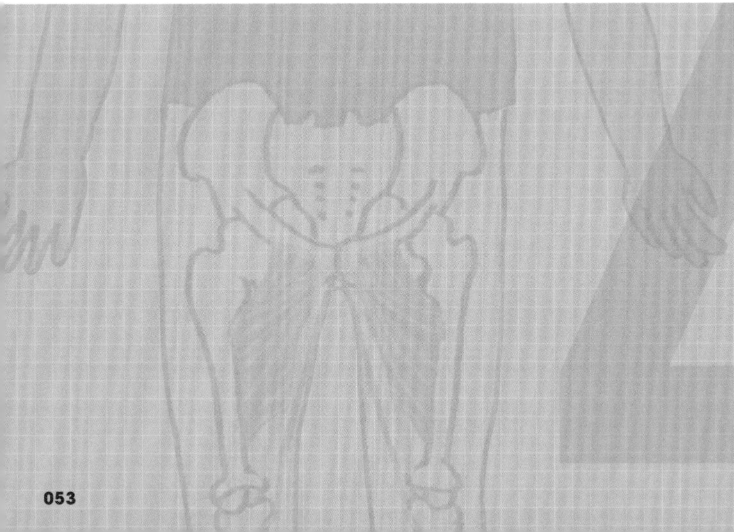

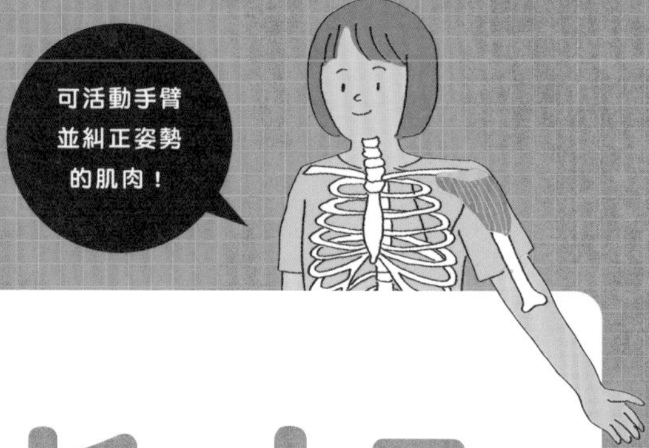

、背部的肌肉

肌肉圖鑑 ▶ 1

頸、肩

01 頸後肌群

02 胸鎖乳突肌

03 咬肌

04 背闊肌

05 胸大肌

06 三角肌

07 旋轉肌袖

08 豎脊肌

09 斜方肌

10 前鋸肌

11 提肩胛肌

12 菱形肌

肌肉圖鑑

01

頸後肌群

協助支撐脖子後側 或是在脖子左右彎曲時發揮功能

人的脖子擁有許多種肌肉，而最常使用到的肌肉正是位在脖子後方的肌群。如果脖子無法向後傾倒、無法左右活動，將會對日常生活帶來困擾。頸後肌群當中，比較大塊的肌肉是頭夾肌。頭夾肌的起點是斜方肌，終點則被胸鎖乳突肌所覆蓋，這條肌肉的主要肌腹位於表層，所以可以從表面觸摸得到。至於頭夾肌則可協助脖子做出向後彎折的動作。

另一方面，頭夾肌正下方連接的是頸夾肌，頸夾肌位在深層一點的地方，它的功能是支撐脖子，使脖子維持姿勢。除此之外，負責活動脖子的肌肉當中，頭半棘肌屬於最強而有力的一種肌肉。頭半棘肌位於豎脊肌的深層，和頭夾肌的功能相同，當人在仰頭時便經常使用到這兩種肌肉。

特徵與功能

脖子後方有許多大小不同的肌肉，這裡介紹的頭夾肌、頸夾肌、頭半棘肌是日常生活中經常使用到的肌肉。

肌肉的形成

頭夾肌和頸夾肌的位置，起始於頸椎、胸椎、肋骨，止於顱骨和頸椎。頭半棘肌則起始於頸椎及胸椎的突起處，止於顱骨。

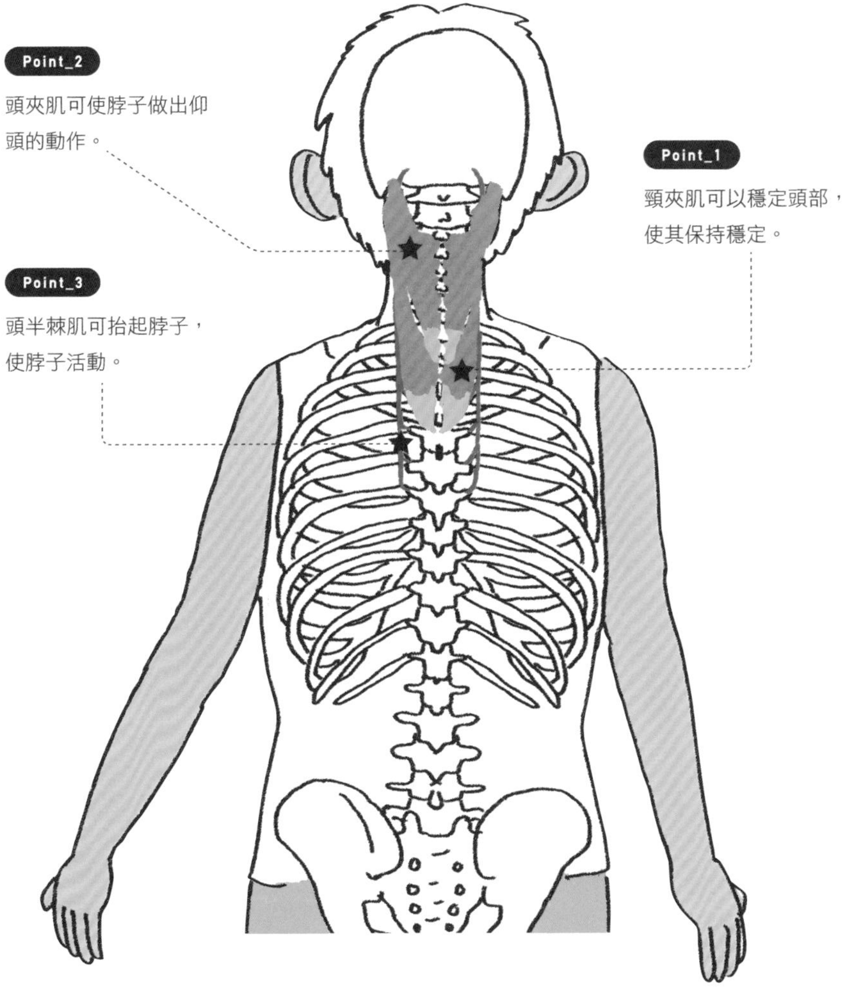
Point_2
頭夾肌可使脖子做出仰頭的動作。
Point_1
頸夾肌可以穩定頭部，使其保持穩定。
Point_3
頭半棘肌可抬起脖子，使脖子活動。

肌肉圖鑑

02

胸鎖乳突肌

協助脖子做出傾斜或是扭轉的動作

胸鎖乳突肌從脖子側邊開始，斜斜地通過脖子的正面。正如名稱字面上的意思，胸鎖乳突肌連接胸骨和鎖骨，並且經過乳突；雖然協助脖子產生動作，可是卻沒有連接頸椎（支撐頭部的骨頭），這就是這條肌肉的特色。當胸鎖乳突肌轉向側邊時，頸部便會出現起伏，所以看起來很明顯。人體的肌肉下方分布有許多淋巴結，如果因感冒出現淋巴腫脹，肌肉就會受到壓迫，造成肌肉過度緊繃。胸鎖乳突肌的主要功能是協助脖子轉向斜下方、收緊下巴，或是扭轉脖子。除此之外，胸鎖乳突肌與其深處的深層肌肉會共同維持脖子的穩定度。此外，胸鎖乳突肌也有連接鎖骨，因此它也和聳肩等肩膀的動作有關聯。

特徵與功能

胸鎖乳突肌從身體軀幹斜斜通往頭部，是一種呈現帶狀的肌肉。它長在脖子的左右側邊，雖然和頸部的動作大有關聯，卻沒有附著在頸椎上。

肌肉的形成

胸鎖乳突肌起始於胸骨和鎖骨，止於顳骨的乳突以及頭部後方的骨頭。

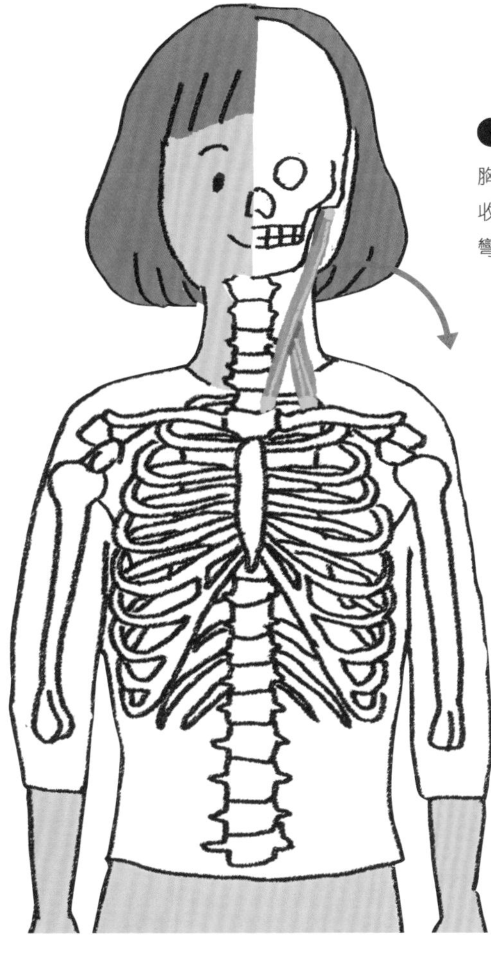

Point_1

胸鎖乳突肌可協助下巴收緊，使脖子做出傾斜彎曲的動作。

肌肉圖鑑

03

咬肌

運用下巴的力量
幫助我們仔細咀嚼食物

咬碎食物的動作就是「咀嚼」，咀嚼食物時會用到的肌肉便稱為咬肌。咬肌又稱為「咀嚼肌」，位於頭部表層。咬肌會與位於顱骨兩側的顳肌一起動作，協助下巴閉合起來。咬肌位於下巴的兩側，特徵是當人用後方的牙齒咀嚼食物時，咬肌就會浮現出表面。把手放在臉頰上並且咬緊後方的牙齒，能感覺到咬肌會動起來，形成看起來像肉瘤般的突起。

咬肌是下巴的肌肉，所以和臉部線條大有關係。肌肉一旦因緊繃而變得僵硬時，放鬆後就會變厚，造成腮幫子更明顯突出。不僅如此，血液循環還會因此而變差，容易增加體內的沉積代謝物。為了避免這些問題，應該多多刺激咬肌。

特徵與功能

咬肌長在顴骨到下巴的位置。吃飯時咀嚼食物、動口說話、咬緊牙齒以使出力氣等動作，都會用到咬肌。

肌肉的形成

始於顴骨和頭部兩側的骨頭，止於下顎外側。

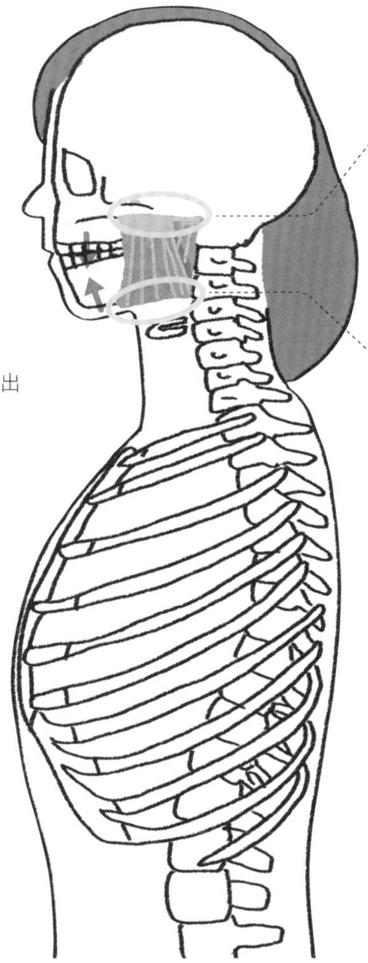

〔起點〕

始於顴骨和頭部兩側

〔終點〕

止於下顎外側

Point_1

咬肌可關閉下顎，做出咬住東西的動作。

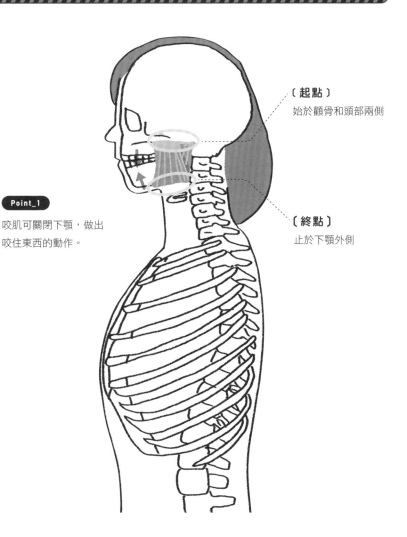

肌肉圖鑑
04
背闊肌

伸展手臂時發揮機制
覆蓋於背部的大塊肌肉

背闊肌覆蓋於背部下方到腋窩的位置，而背部上方則覆蓋有斜方肌（請參考第72頁）。背闊肌附著於脊椎骨、骨盆、肋骨等地方，分布範圍廣泛。此外，由於肱骨也有背闊肌，因此這塊肌肉也和肩膀或手臂的動作有關。背闊肌可以產生很大的力量，協助人體做出夾緊腋窩、手臂拉向背部等動作。舉例來說，空手道對打之際將對手拉向自己的動作，或是伸直手臂將繩子拉向己方的動作，都會運用到背闊肌。此外，划槳時也是背闊肌大為活躍的場合。背闊肌的常見鍛鍊方式，就是透過「引體向上」等拉動的動作加以訓練。積極鍛鍊之後，背闊肌變得發達，就可以打造出倒三角形的理想身材了。

特徵與功能

背闊肌從背部下方連接腋窩，覆蓋背部。人較少在日常生活中使用背闊肌，不過背闊肌其實是一種能發揮強大力量的肌肉。

肌肉的形成

背闊肌始於肋骨下部和肩胛骨下部，連接第六胸椎與腰椎之間，止於肱骨。

Point_1

背闊肌主要在手臂拉向後方時發揮作用。

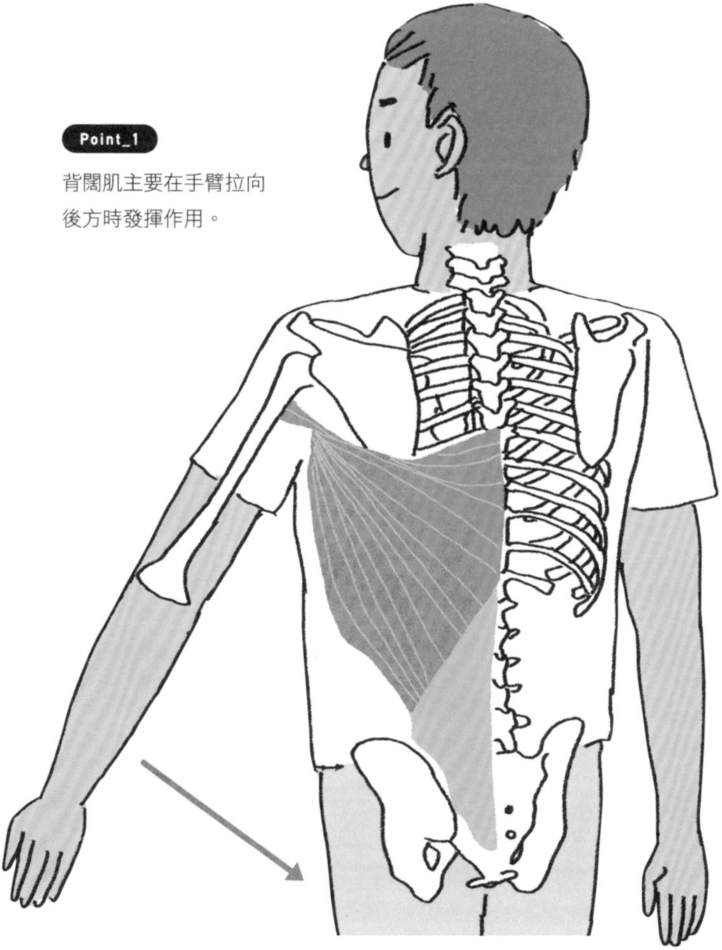

肌肉圖鑑

05

胸大肌

手臂伸直出力時發揮功能
覆蓋於胸部的大塊肌肉

胸大肌呈扇形，當手臂在身體前方做出向前推動的動作時，胸大肌可發揮出強大的力量。雙手合十，兩手相互施力推另一隻手，這時就能感受到胸大肌隆起。而在人體的動作方面，除了手臂向前推動時會使用到胸大肌之外，當手臂往內側轉動，或是緊緊地將物品抱在胸前時，也都會使用到胸大肌。胸大肌總共分為三個部分，分別是位於鎖骨區塊的上部、胸骨區塊的中部，以及腹部區塊的下部。

如果想要鍛鍊整塊胸大肌，需要集中鍛鍊這三個部位的肌肉。不過，也可以以正中間胸骨部的肌肉作為主要的鍛鍊部位。

特徵與功能

胸大肌分為上、中、下三部分。手臂伸直並向前推時，如果在胸部前方或臉部附近，就會使用到上部或中部的肌肉；若手位在腹部附近，則會使用到下部的肌肉。

肌肉的形成

上部始於鎖骨內側，中部始於胸骨正面，下部始於腹部（腹直肌鞘的一部分）；上、中、下三部分皆止於肱骨外側。

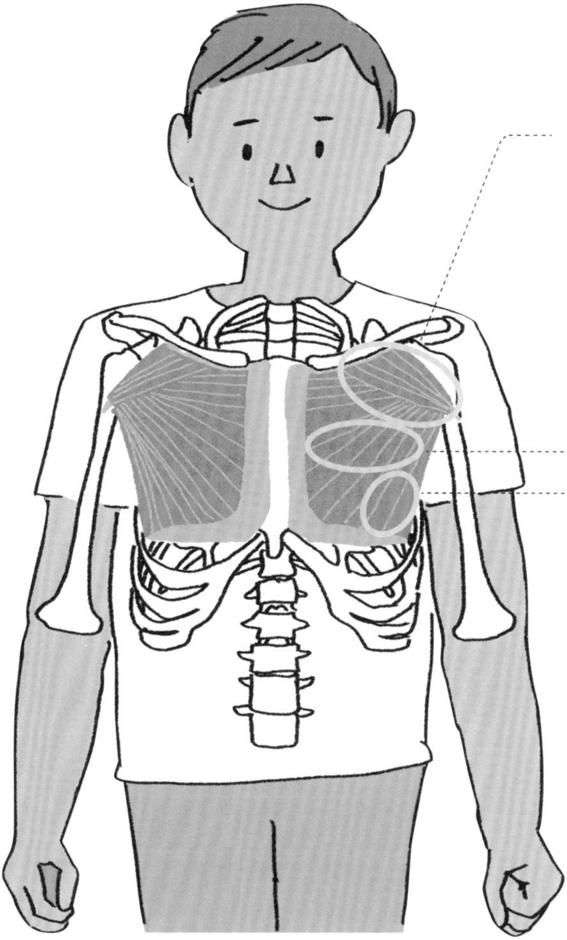

Point_1

胸大肌的上部位在鎖骨的位置，往高處施力時可使出力氣。

Point_2

胸大肌的中部位在胸骨的位置，在胸部往前方施力時可使出力氣。

Point_3

胸大肌的下部位在腹部的位置，在腹部附近施力時可使出力氣。

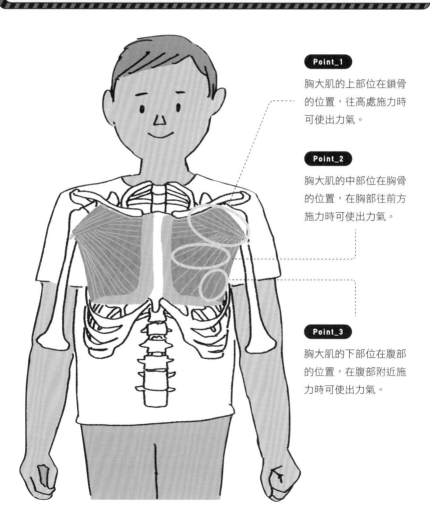

肌肉圖鑑

06

三角肌

反覆轉動肩膀或舉起手臂時所使用的肌肉

三角肌覆蓋於盂肱關節、肱骨上部，是附著在整個肩膀的肌肉。三角肌是人體上半身體積最大的肌肉，肩膀大部分的動作都與它息息相關，而這塊厚實隆起的肌肉也可以發揮保護肩膀的作用。三角肌是由鎖骨部、肩峰部和肩胛棘部共同組成，在協助肩膀活動方面，每個部分有其各自的特徵。首先是前方鎖骨部的三角肌，它可以協助肩膀彎曲，並且抬起手臂。當手臂向兩側打開，做出外轉的動作時，會使用到位於中間的肩峰部三角肌。至於位於後方的肩胛棘部三角肌，可在手臂從原本舉向前方做出放下等伸展動作時發揮功能。反覆轉動肩膀，或是肩膀向前後左右擺動時，人體都會大量運用到整個三角肌的功能。

特徵與功能

三角肌是和肩關節動作有關的肌肉。三角肌共分為前半部的鎖骨部、位於中間的肩峰部，以及後半部的肩胛棘部，各自具有不同的功能。

肌肉的形成

鎖骨部的肌肉始於鎖骨外側，肩峰部和肩胛棘部則始於肩胛骨突起的部分，各自止於肱骨外側。

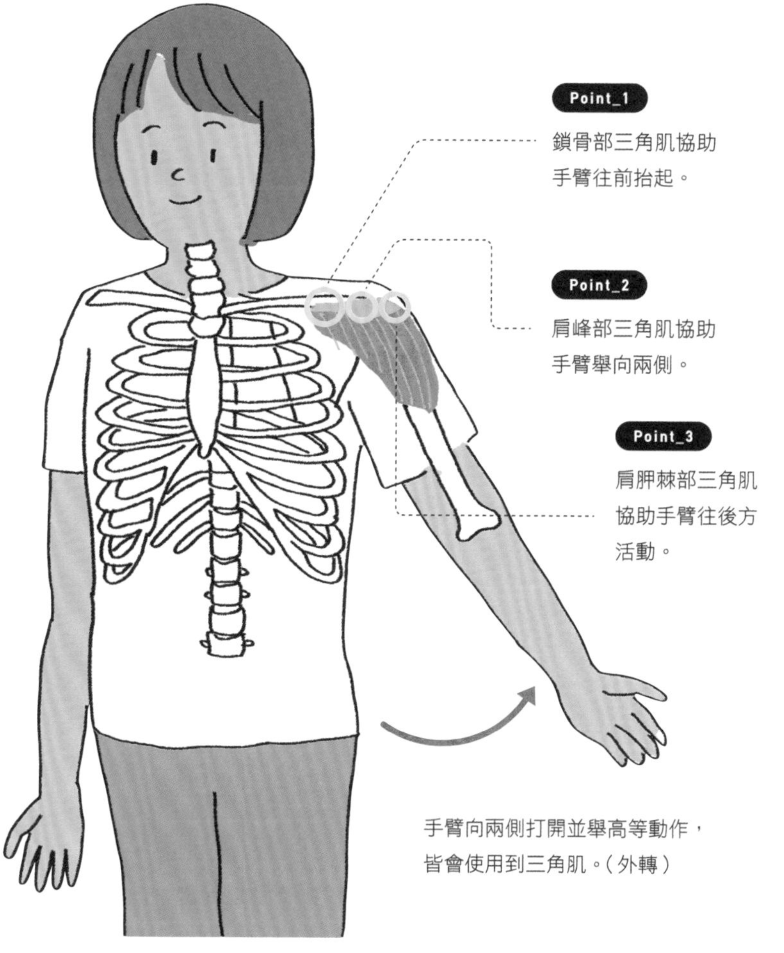
Point_1
鎖骨部三角肌協助手臂往前抬起。
Point_2
肩峰部三角肌協助手臂舉向兩側。
Point_3
肩胛棘部三角肌協助手臂往後方活動。
手臂向兩側打開並舉高等動作，皆會使用到三角肌。（外轉）

肌肉圖鑑

07

旋轉肌袖

穩定肩膀周圍
協助手臂活動的肌群

旋轉肌袖是一組複合肌肉，總共由4條肌肉組成，起自肩胛骨，止於肱骨。旋轉肌袖是位於肩膀深處的深層肌肉，可以發揮出穩定肩膀周圍、協助肩膀活動的功能。肩關節的活動範圍廣泛是其一大特徵，但也正因如此，肩關節本身也有缺乏穩定性的問題。旋轉肌袖存在的目的就是為了維持肩關節的穩定。當肩膀做出扭動的動作時，旋轉肌袖便會發揮功能，由於是厚度較薄的肌腱覆蓋於肱骨之上，因此得名為「旋轉肌袖」。除了肩膀向內扭動，當手臂向前後左右活動時，它也會協助關節取得平衡。舉例來說，像是棒球投手做出投球動作時，旋轉肌袖會發揮作用。此外，投手肩膀疼痛的問題，也是由旋轉肌袖損傷引起的疼痛感。

特徵與功能

由4條小肌肉組成，其中的「棘上肌、小圓肌、肩胛下肌」位於肩膀的深層位置。「棘下肌」是唯一一條位於表層的肌肉，負責協助肩關節取得平衡。

肌肉的形成

肩胛下肌起自肩胛骨正面，止於肱骨正面。另外3種肌肉始於肩胛骨背面，止於肱骨外側。

Point_1

棘上肌位於肩胛骨上部。

Point_2

只有棘下肌位於表層，小圓肌則位於棘下肌下方的深層位置。

Point_3

肩胛下肌位於肩胛骨正面。

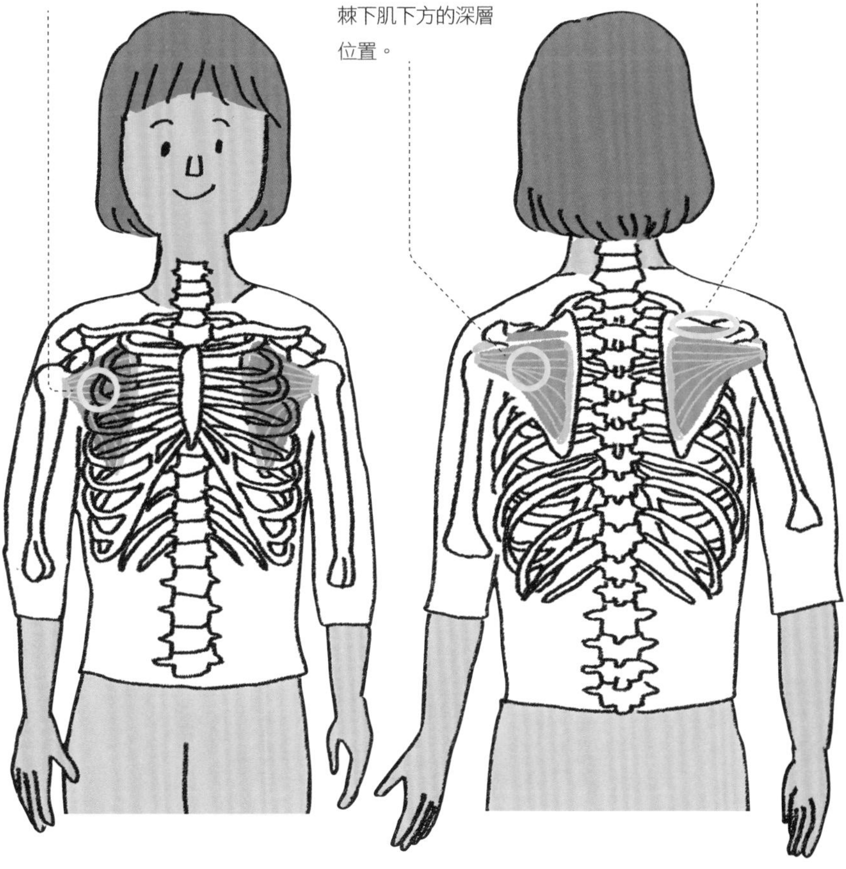

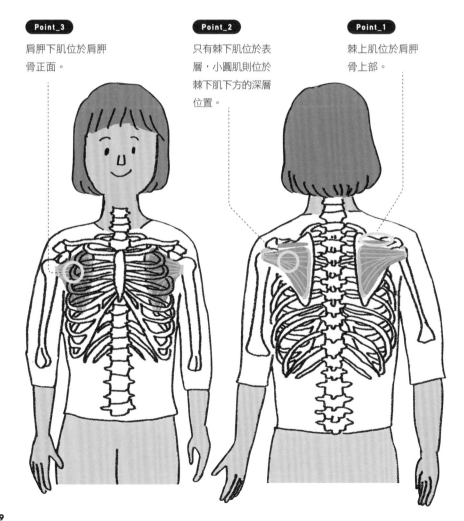

肌肉圖鑑

08

豎脊肌

支撐背部並維持人體姿勢打穩人體地基的重要肌肉

豎脊肌沿著脊柱縱向延伸，是覆蓋於整條脊柱上的長型肌肉。豎脊肌可分為三層，分別是脊柱外側的髂肋肌群、延伸於內側的最長肌群，以及位於深層的棘肌群。這三種肌群合稱為豎脊肌。

豎脊肌是日常生活中經常使用到的肌肉，因此比起瞬間爆發力，會更講求肌耐力，而豎脊肌的特徵便是快縮肌纖維的比例較高。在人體動作方面，當身體維持姿勢並進行深呼吸時，豎脊肌可以協助背部彎折，或是讓背部彎向身體的兩側。此外，豎脊肌也可以幫助我們建立良好的跑步姿勢，取得身體平衡。豎脊肌在許多運動項目中的表現都相當活躍，建議應該用心鍛鍊這個肌肉部位。

特徵與功能

豎脊肌分為3種類型，分別是髂肋肌、最長肌和棘肌。髂肋肌和最長肌分別位在脊柱的外側和內側，棘肌則位於深層的位置。

肌肉的形成

豎脊肌以脊柱為中心，從骨盆或肋骨等處起始，延伸至顱骨、肋骨和脊柱。

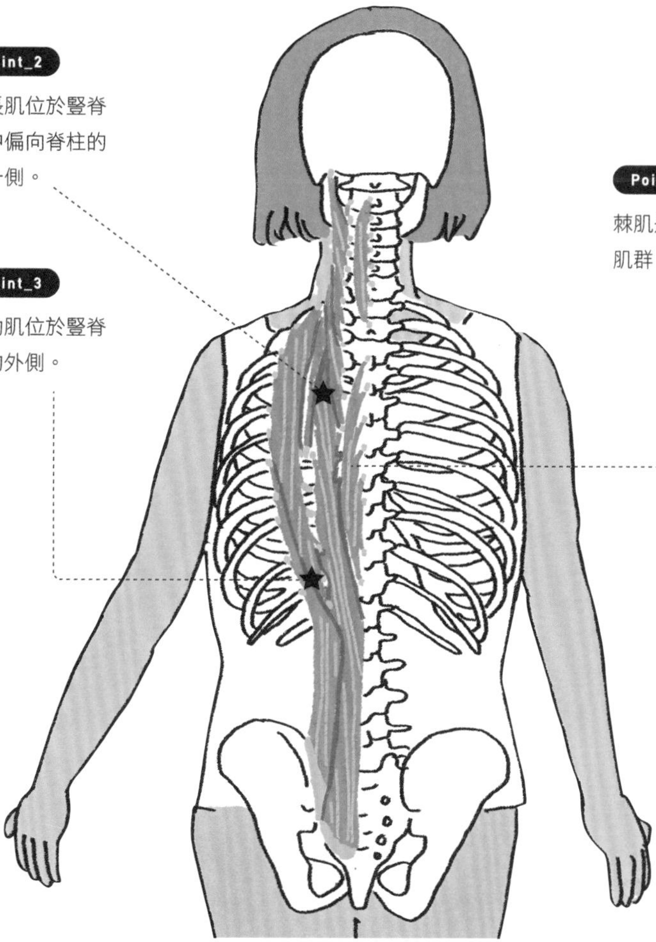

Point_2

最長肌位於豎脊肌中偏向脊柱的那一側。

Point_3

髂肋肌位於豎脊肌的外側。

Point_1

棘肌是最長肌的深層肌群。

肌肉圖鑑

09

斜方肌

協助肩膀抬起做出聳肩
避免身體駝背的肌肉

斜方肌是背部表層的一大塊肌肉，覆蓋於背部中間到脖子這片範圍，具有拉開肌肉以避免駝背的功能。斜方肌可分為上部、中部、下部三部分，每個部位的功能各不相同。上部斜方肌協助提高鎖骨或肩胛骨，不過上部肌肉較薄，力量較小，因此和脖子的動作較沒有關係。而正中間的中部肌肉，主要和肩胛骨向脊柱靠攏的動作有關，這處肌肉比較厚實，特徵是具有強大的力氣。下部肌肉則可將肩胛骨拉向正下方或向下靠緊。整個斜方肌可以使肩膀做出上下聳肩的動作，除此之外，也可以使肩膀上下運動、抬起手臂，同時也可以輔助三角肌的動作，並且穩定肩胛骨。

FOCUS ON ▶ 斜方肌

特徵與功能

斜方肌分為上部、中部、下部三個部分。各自具有不同的功能，輔助肩胛骨產生動作是斜方肌的主要工作。

肌肉的形成

斜方肌起自頭部後方的頸椎或是胸椎（脊柱），並從鎖骨連接肩胛骨。

Point_1

斜方肌的上部，具有提起肩膀或肩胛骨的功能。

Point_1

斜方肌的中部，協助肩胛骨往中央靠攏。

Point_1

斜方肌的下部，協助肩胛骨下拉。

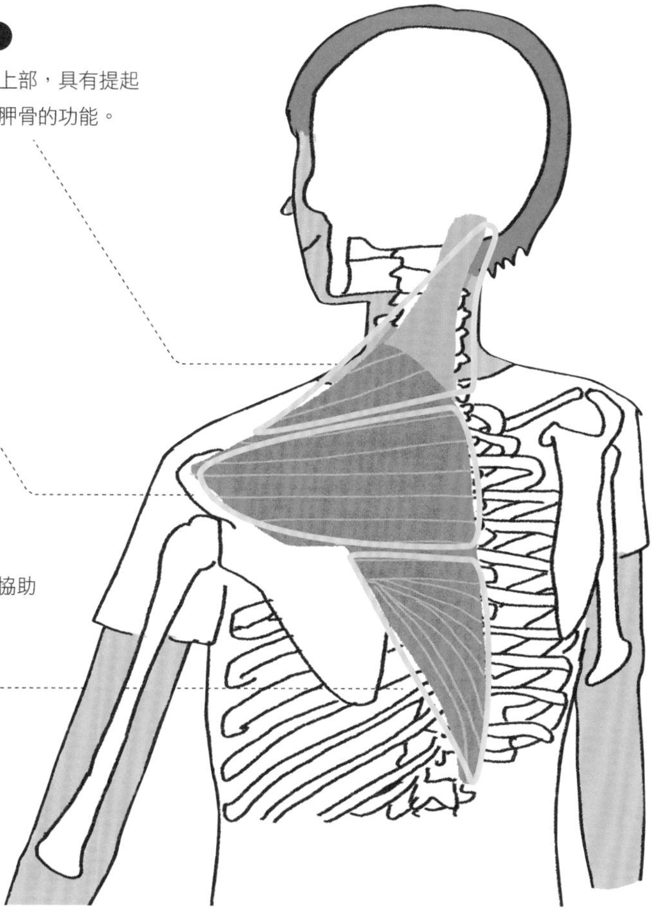

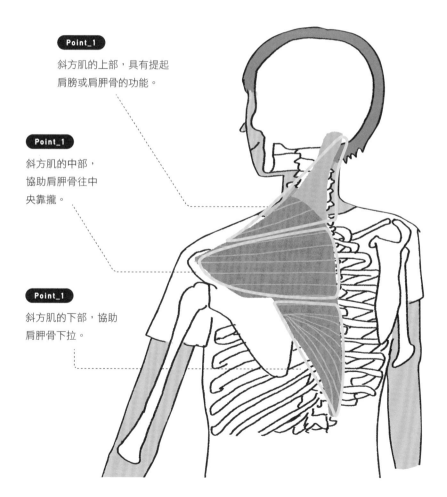

肌肉圖鑑

10

前鋸肌

做出揮拳的動作 協助肩胛骨往前伸展

前鋸肌覆蓋於肋骨的外側，從背部肩胛骨的背面可以看到一大塊前鋸肌。手臂向前伸至肩膀正前方等動作，肩關節會打開，此時便會使用到前鋸肌。舉例來說，在拳擊運動裡，手臂向前快速出拳的動作便會大幅使用到前鋸肌。除此之外，前鋸肌也會協助斜方肌，同時做出上下活動肩膀的動作。一旦前鋸肌變硬，肩膀就會失去柔軟度，導致肩膀容易僵硬；無力的前鋸肌還會連帶使肩膀或肩胛骨無法維持穩定，因此平時多多活動前鋸肌可是十分重要的關鍵。前鋸肌可分為上部和下部兩個部分，前鋸肌下部有一部分位於表層。當前鋸肌上部作動時，肩胛骨上側也會跟著產生動作；若是前鋸肌下部作動，像是雙手手臂伸展時，肩胛骨的下側就會動起來。

特徵與功能

前鋸肌的功能是將肩胛骨向外或向下拉。前鋸肌分為兩部分，上部位於肩胛骨的背面，下部則在肩胛骨下側的表層。

肌肉的形成

肌肉起始於第 1 肋骨到第 8 肋骨的外側中間，止於肩胛骨背面。

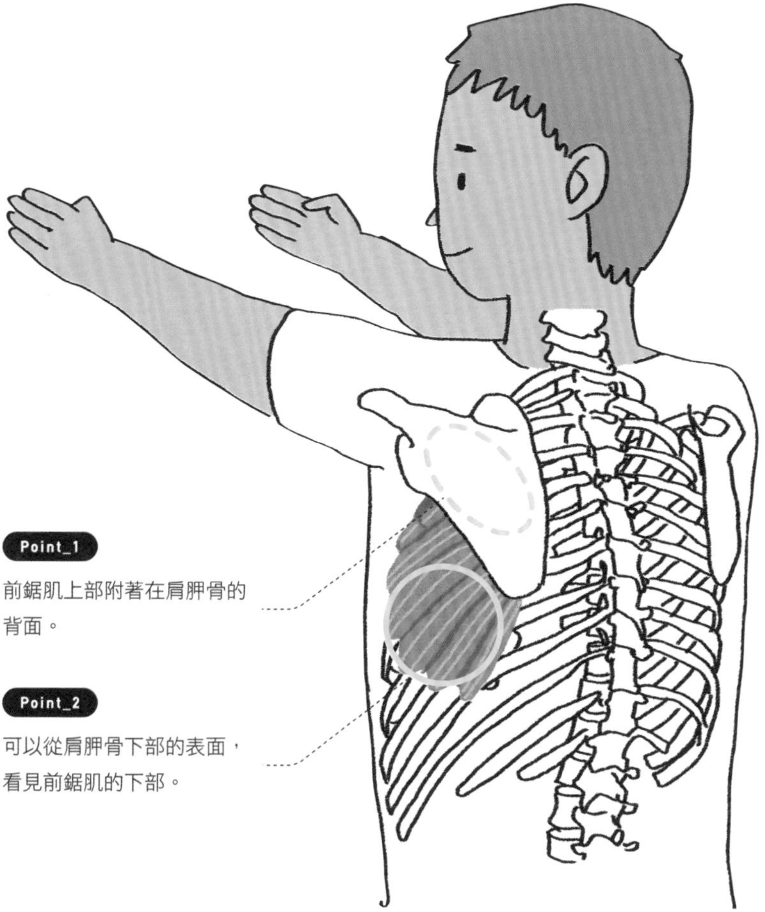

Point_1

前鋸肌上部附著在肩胛骨的背面。

Point_2

可以從肩胛骨下部的表面，看見前鋸肌的下部。

肌肉圖鑑

11

提肩胛肌

向上抬起物品時
協助抬升肩胛骨的肌肉

提肩胛肌位於脖子的後方，是一種又細又長的深層肌肉。這條肌肉可以穩穩地支撐不穩定的肩胛骨，使手臂做出流暢的動作。不過，提肩胛肌並不是力量很強的肌肉，如果使出太大的力量，或是長時間施加高強度的負荷，很容易引起肌肉疲勞。此外，提肩胛肌的功能正如其名，主要工作是負責提起肩胛骨。當人提起物品時，提肩胛肌和表層的斜方肌會一起作動發揮功能，使肩膀做出聳肩等動作。由於提肩胛肌是從頸椎開始延伸，所以當脖子做出向左右兩邊擺動等動作時，也都會使用到提肩胛肌。特別是長時間使用電腦打鍵盤的人，因為得一直舉著手臂作業，從而對提肩胛肌造成很大的負擔，因此便容易出現肌肉痠痛的問題。

特徵與功能

提肩胛肌是從脖子後方連接到肩胛骨的細長肌肉。主要負責提起肩胛骨，協助肩胛骨產生動作。

肌肉的形成

起自脖子側邊的骨骼（第1頸椎～第4頸椎），連接肩胛骨上端的肌肉。

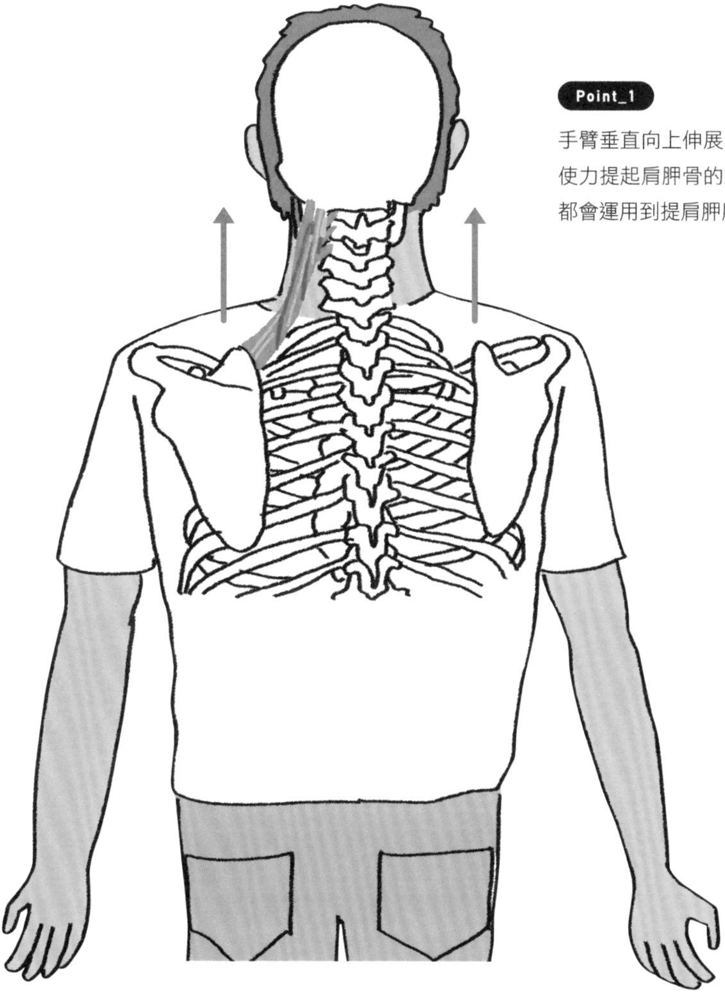

Point_1

手臂垂直向上伸展等需要使力提起肩胛骨的動作，都會運用到提肩胛肌。

肌肉圖鑑

12

菱形肌

帶動肩胛骨往中間夾緊 協助手臂產生動作

菱形肌是由大菱形肌和小菱形肌這兩種肌肉組成。菱形肌位於後背上部的深層位置，並且被斜方肌覆蓋著。它的特徵是外觀很薄，而且與名稱一樣呈現菱形形狀。大菱形肌和小菱形肌的功能相同，它們不僅可以協助肩胛骨往脊柱中央夾緊，還和肩胛骨的提升、擴胸伸展等動作有關聯，負責輔助手臂產生運動。比如說，射箭的拉弓動作就會將肩胛骨往內側靠攏，這個時候便會大量運用到菱形肌的力量。

菱形肌是幫助人體維持筆直姿勢的重要肌肉，若是肌力下降，容易造成背部彎曲、駝背等問題。平時應多多活用菱形肌，有助於改善駝背問題，肩膀的活動也能更加順暢。

特徵與功能

位於斜方肌之下的深層位置，上方是小菱形肌，下方則是大塊的大菱形肌。菱形肌以兩塊為一組，菱形且薄扁的外觀是一大特徵。

肌肉的形成

菱形肌的起點為脊柱的第6、7頸椎到第4胸椎，止於肩胛骨內側。

Point_1

菱形肌的主要工作是協助肩胛骨往身體中央靠攏。

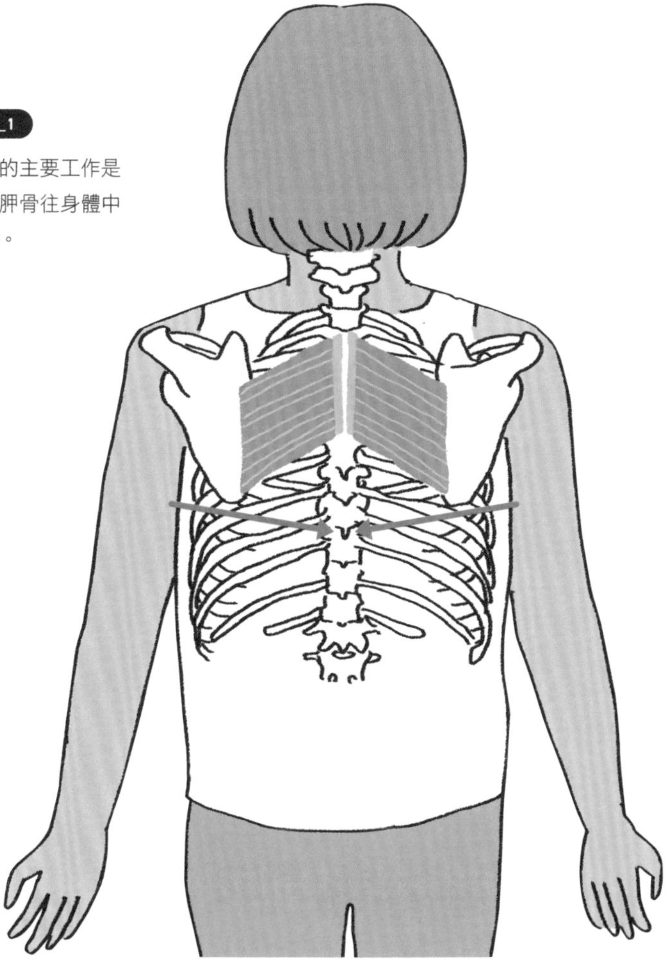

手的肌肉

肌肉圖鑑 ▸ 2

手臂與

13 肱二頭肌

14 肱三頭肌

15 肱橈肌

16 旋後肌

17 旋前方肌

18 拇指對掌肌

19 蚓狀肌

20 屈指淺肌

21 伸指肌

肌肉圖鑑

13

肱二頭肌

手肘屈曲發揮力量
用力時肌肉會出現明顯隆起

肱二頭肌會在屈起手肘時發揮其功能，它同時也是手臂肌肉當中最顯眼、最具象徵性的一塊肌肉。肱二頭肌橫跨並附著於肩關節和肘關節兩處，由外側的長頭以及內側的短頭所組成。各位是否見過健美選手使力讓手臂肌肉浮出明顯的隆起？這塊隆起的部分就是肱二頭肌的長頭。除了手肘屈曲的動作外，肱二頭肌在手肘向外轉時也會發揮功能，當我們旋轉手臂時，它會進行大幅度的收縮。想要擁有兩條健美又強壯的手臂，就必須鍛鍊肱二頭肌，其中舉啞鈴是最廣為人知的一種訓練方式。如果手邊沒有啞鈴之類的健身器材，可以拿日常用品來代替，平時就能透過簡單的方法來鍛鍊肱二頭肌。

FOCUS ON ▸ 肱二頭肌

特徵與功能

肱二頭肌具有兩頭，由外側的長頭及內側的短頭所組成。彎曲手肘時，肱二頭肌會收縮並隆起，在體力活方面的表現十分活躍。

肌肉的形成

肱二頭肌橫跨肩關節，始於肩胛骨上部外側，止於前臂的橈骨。

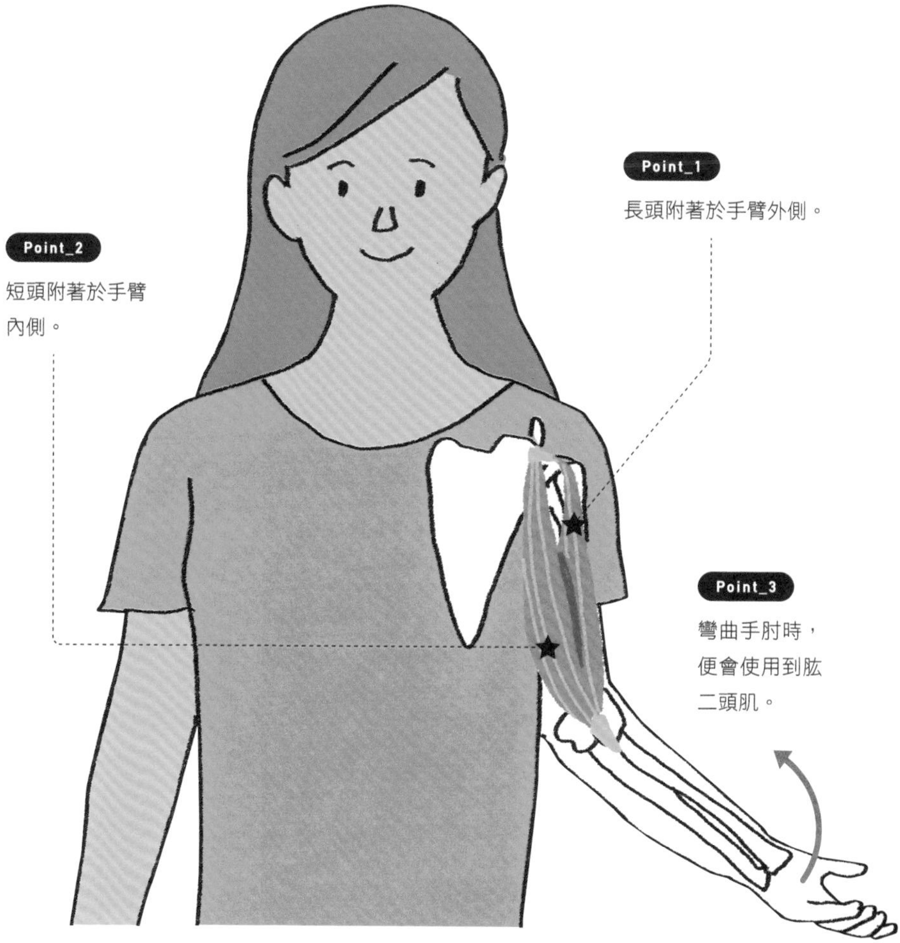

Point_1
長頭附著於手臂外側。
Point_2
短頭附著於手臂內側。
Point_3
彎曲手肘時，便會使用到肱二頭肌。

肌肉圖鑑

14

肱三頭肌

伸展手肘、手掌向前等手臂動作所使用的肌肉

肱三頭肌可在伸展手肘時發揮其功能。如果男性希望擁有結實的手臂，或是女性想練出苗條好看的手臂時，就得勤加鍛鍊肱三頭肌。肱三頭肌位於肱二頭肌的背面，屬於上肢肌群當中體積最大的肌肉。肱三頭肌占據手臂肌肉的三分之二，其中的長頭起自肩胛骨，另外兩頭則始於肱骨，並且延伸至前臂的尺骨。肱三頭肌不僅可在彎曲手臂時發揮作用，當我們推動物品時也會使用到這塊肌肉。肱三頭肌和肱二頭肌會互相搭配，共同發揮兩者的力量，它們之間形成了一邊收縮，另一邊便伸展的協力機制。因此鍛鍊肱三頭肌時，也要同時練到肱二頭肌，這樣才能練出均衡的肌肉。

特徵與功能

肱三頭肌由「長頭、外側頭與內側頭」三頭所組成。肱三頭肌和上一篇介紹的肱二頭肌成對，兩種肌肉一起作動就能彎曲或伸展手肘。

肌肉的形成

肱三頭肌的長頭從肩胛骨的上部起始，外側頭和內側頭則起始於肱骨，它們橫跨並且附著於肘關節上。

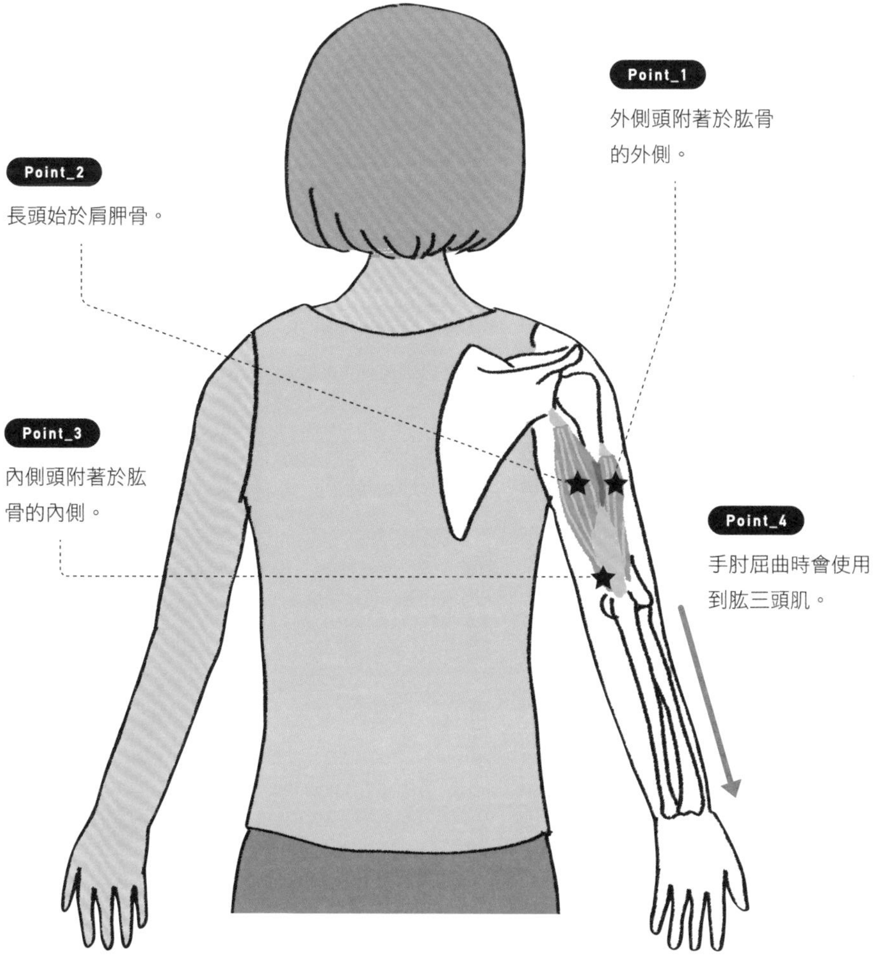
Point_1
外側頭附著於肱骨的外側。
Point_2
長頭始於肩胛骨。
Point_3
內側頭附著於肱骨的內側。
Point_4
手肘屈曲時會使用到肱三頭肌。

肌肉圖鑑

15

肱橈肌

將手臂拉向自己協助前臂活動的肌肉

肱橈肌是垂直延伸於前臂外側，靠近拇指一側的肌肉。這種肌肉和肱二頭肌相同，會在手肘彎曲時發揮功用。比如說，單手拿起啤酒杯喝酒的動作就會使用到肱橈肌。不過，肱橈肌只有橫跨到手關節，並未附著於手部，因此手腕的動作與肱橈肌並沒有關聯。除了手肘屈曲的動作之外，手掌心朝下並向上翻（旋後），或是將掌心朝上並向下翻（旋前）這兩個動作，也都會使用到肱橈肌。掌心朝向地面拿著物品，或是把物品拉向自己的動作，都能夠有效地鍛鍊肱橈肌。比較簡單易懂的訓練方法是將手肘靠在桌子上，並且只活動前臂，便能有效鍛鍊到肱橈肌。

FOCUS ON ▶ 肱橈肌

特徵與功能

肱橈肌位於前臂掌心的外側，從肱骨垂直延伸至前臂的橈骨，是一種細長的肌肉。工作是協助前臂旋轉並產生動作。

肌肉的形成

肱橈肌起自肱骨外側，下行至前臂的橈骨。但是肱橈肌和手腕關節沒有關聯。

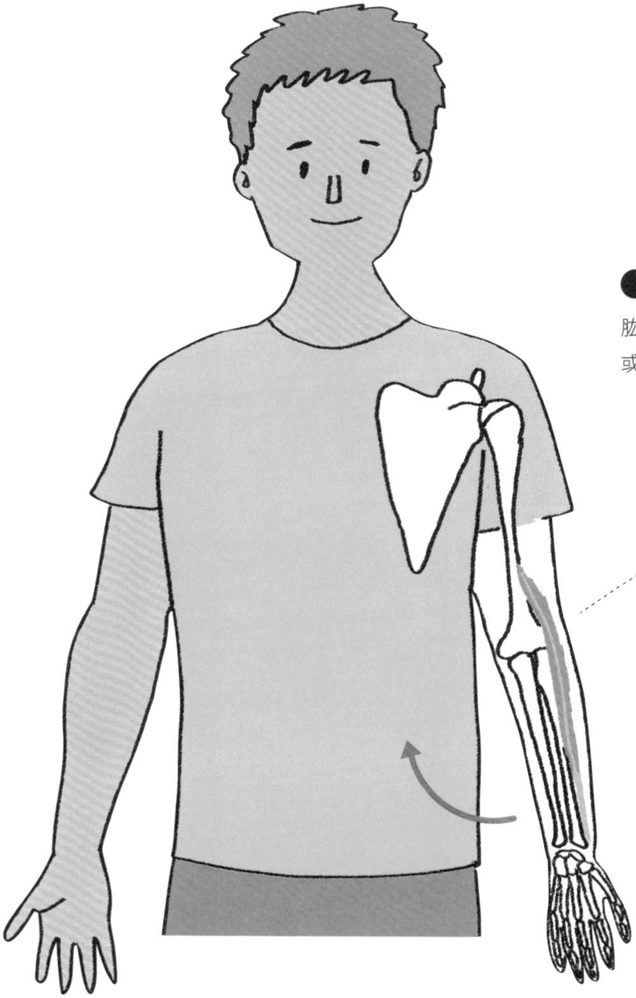

Point_1

肱橈肌可將手肘屈曲或拉向自己。

肌肉圖鑑

16

旋後肌

可執行將門把往外轉的動作
協助手腕向外旋轉的肌肉

旋後肌是位於前臂背面的外側肌肉。前臂外側（拇指那一側）的骨骼稱為橈骨，橈骨的橈骨頭位於肘關節，並且被旋後肌覆蓋著。旋後肌的功能正如其名，它負責協助前臂做出向外旋轉的動作。像是把鑰匙插進門把並向右轉動、用右手向右旋轉將瓶蓋關緊，或是用螺絲起子鎖緊螺絲的動作，都會運用到旋後肌的力量。至於在運動方面，右撇子的投手投出曲球，進行桌球或羽毛球等運動時的反手拍動作，也都會大幅運用旋後肌。

如果想鍛鍊旋後肌，請練習前臂的旋轉動作，並且對前臂施加負荷。例如，單手拿著棒球棍這類比較重的棍棒，只將手腕向外轉，或是擰毛巾的動作，都可以用來鍛鍊旋後肌。

FOCUS ON ▶ 旋後肌

特徵與功能

從肱骨外側開始連接橈骨外側。橈骨的橈骨頭位於肘關節附近，旋後肌包圍並覆蓋橈骨頭。

肌肉的形成

旋後肌起始於肱骨外側與尺骨內側，並且覆蓋於橈骨外側。

Point_1

協助左手腕向外轉等動作，是旋後肌的主要功能。

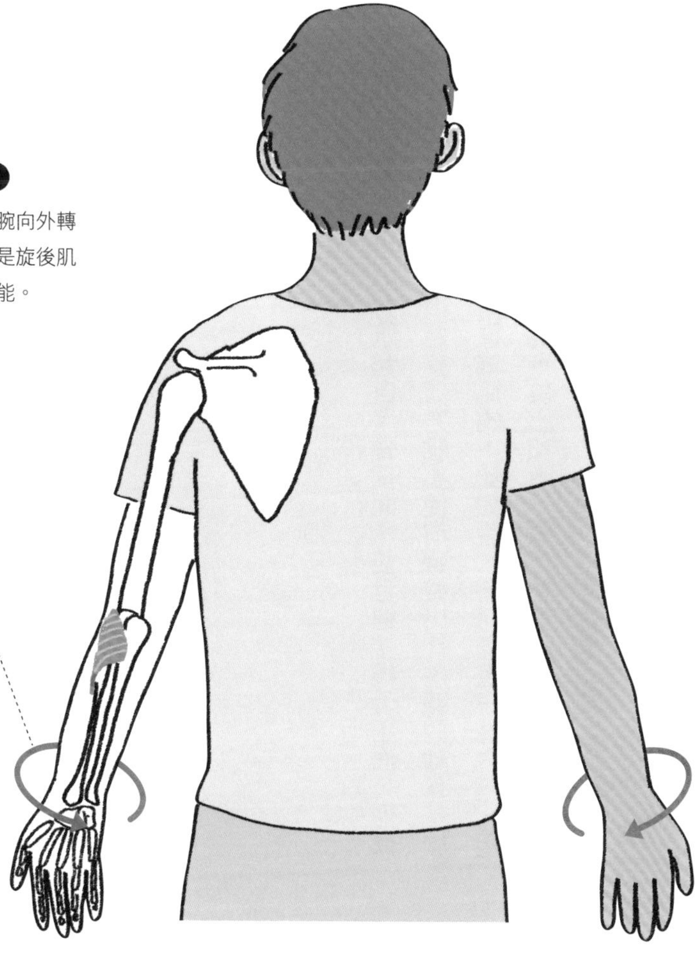

肌肉圖鑑

17

旋前方肌

執行將門把往左轉或是打開瓶蓋等日常動作

旋前方肌位於前臂正面，是手腕附近的肌肉。旋前方肌起自尺骨正面，並且連接橈骨正面，形狀呈四邊形，可使手腕往內轉，做出旋前的動作，因此稱為旋前方肌。使前臂做出往內轉的動作是旋前方肌的主要功能，我們在日常生活或運動時經常使用這條肌肉。比如說，將瓶蓋蓋子往內轉，用螺絲起子將螺絲往內旋轉時，都會使用到旋前方肌。此外，做出和上一篇介紹的旋後肌相反的動作時，也都會用到旋前方肌。而在運動方面，旋前方肌可在羽毛球或網球的殺球動作，或是高爾夫球的揮桿動作中發揮功用。旋前方肌從前臂的尺骨開始連接到橈骨，但並沒有連接腕關節，所以和需要用到手腕的動作無關。

FOCUS ON ▶ 旋前方肌

特徵與功能

旋前方肌從前臂的尺骨開始連接橈骨，是一種四邊形扁平肌肉。前臂做出旋轉動作時會使用到旋前方肌，但與手腕的動作無關。

肌肉的形成

手掌心朝上時，旋前方肌從前臂的尺骨開始，連接到橈骨外側。

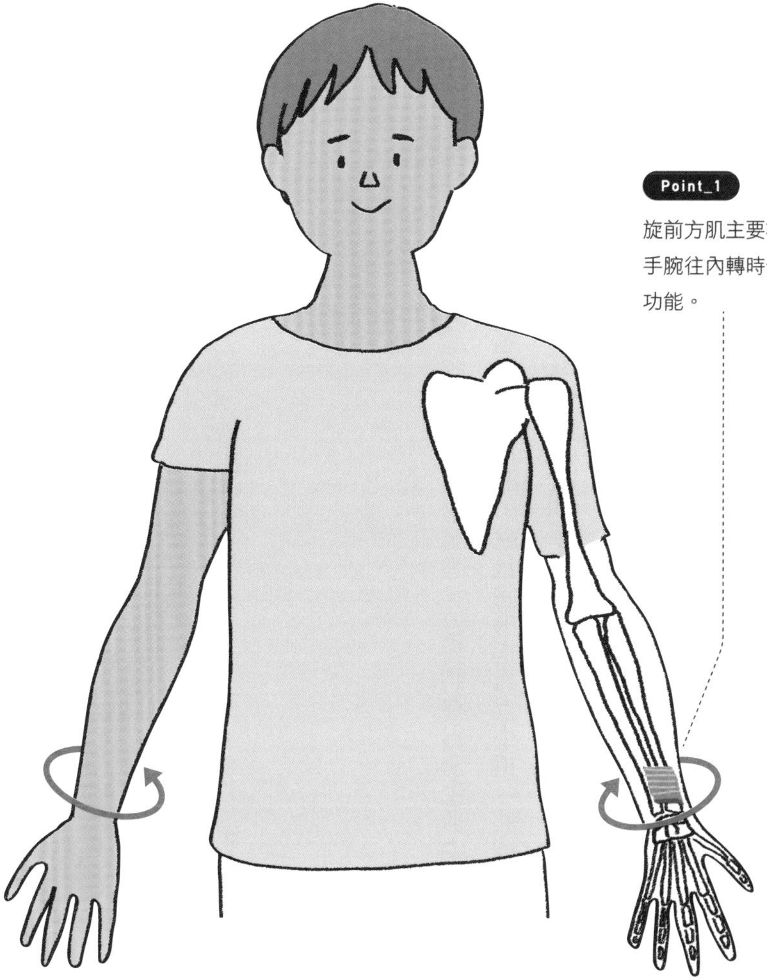

Point_1

旋前方肌主要在左手腕往內轉時發揮功能。

肌肉圖鑑

18

拇指對掌肌

可帶動拇指與四指協作夾取物品

拇指對掌肌是位於拇指掌心一側的小塊肌肉。拇指對掌肌雖然是深層肌肉，但我們在日常生活中卻經常需要它的幫忙。拇指對掌肌的代表性動作和它的名稱密切相關，就是將拇指靠近小指（即拇指對掌），運用拇指夾取、握住或拿取物品等行為，像是在拿書或是用手指夾著手帕時，都會運用到這塊拇指對掌肌。

另外，拇指對掌肌在「握住」球拍或球棒等運動姿勢當中，同樣扮演著非常重要的角色。除此之外，拇指對掌肌的表面還有屈拇短肌、外展拇短肌等肌肉，拇指對掌肌會和這些肌肉一起使拇指球（手掌和拇指的連接處）膨起，形成明顯的凸出。

FOCUS ON ▸ 拇指對掌肌

特徵與功能

拇指對掌肌是位於拇指掌心一側的深層肌肉。起自手掌心的屈肌支持帶，止於第一掌骨。

肌肉的形成

拇指對掌肌起始於掌心的屈肌支持帶，止於第一掌骨。

Point_1

拇指往小指一側靠攏時，會使用到拇指對掌肌。

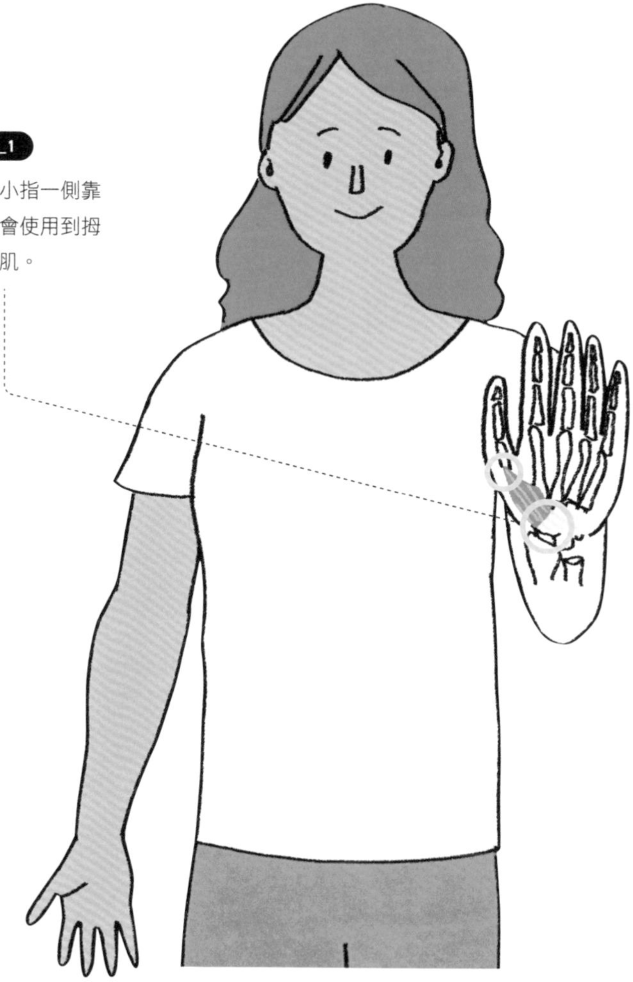

肌肉圖鑑

19

蚓狀肌

可執行抓取物品或是張開手指等手部動作

蚓狀肌是附著於手掌心，連接食指、中指、無名指以及小指等四根手指上的肌肉，它可以牽引掌指的關節，使手指彎曲。我們在日常生活中用手指拈取、拿取物品，或是做出張開、合攏手掌的動作時，都會大量運用到蚓狀肌的力量。順帶一提，從事攀岩運動時，抓住岩石等動作也同樣會使用到蚓狀肌。下一篇介紹的肌肉是附著於掌心手指上的屈指淺肌，如果想加強握力，就要同時鍛鍊蚓狀肌和屈指淺肌等肌肉部位。

平時我們可以藉由「手掌握拳再打開」的動作（也就是猜拳的石頭和布），加以鍛鍊蚓狀肌。

特徵與功能

位於手掌心淺層的肌肉，附著於拇指以外的其他手指上。始於4條屈指深肌肌腱的中間，協助手指做出各種不同的動作。

肌肉的形成

蚓狀肌起自屈指深肌的中間，止於伸指肌的腱膜。

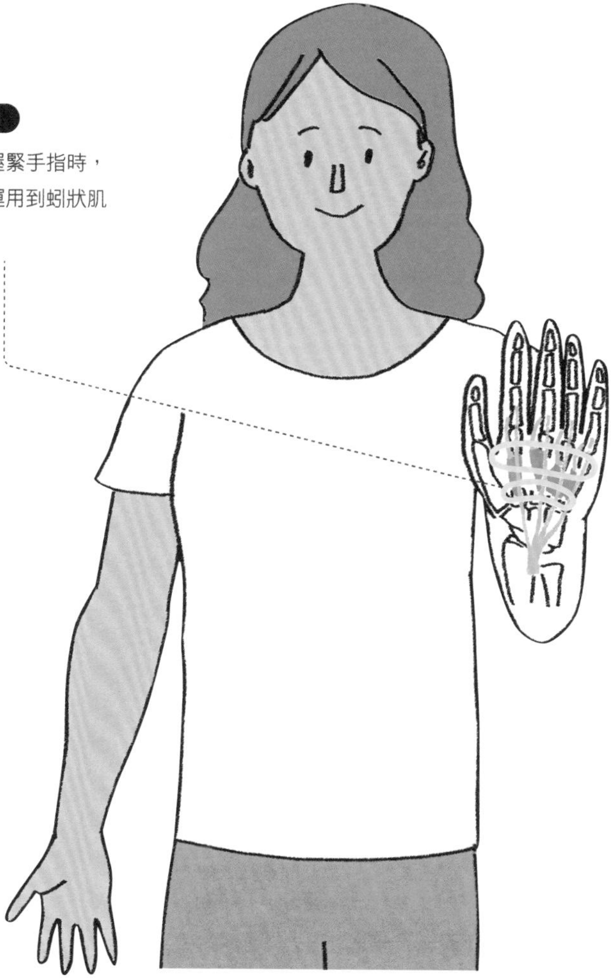

Point_1

張開或握緊手指時，會大量運用到蚓狀肌的力量。

肌肉圖鑑 20

屈指淺肌

打鍵盤或握球的時候所運用的手指肌肉

屈指淺肌是一種附著於前臂的肌肉，負責彎曲食指、中指、無名指和小指。此外，屈指淺肌還能讓手腕朝手掌心的方向彎曲，做出手腕屈曲的動作。日常生活中當我們手抓著包包或握手時，主要會運用到屈指淺肌。另外在電腦鍵盤上打字或操作滑鼠點擊時，除了會使用到屈指淺肌以外，也會需要深層的屈指深肌協助動作。簡單來說，彎曲大拇指以外的四根指頭時，幾乎都需要這兩種肌肉的協助。

握住軟球之類的訓練可以鍛鍊屈指淺肌，不過比起訓練，平時更應該要輕輕地按摩屈指淺肌，幫助肌肉舒緩疲勞。

FOCUS ON ▸ 屈指淺肌

特徵與功能

屈指淺肌始於前臂的肱骨內側、前臂骨正面，是位於前臂的一大塊肌肉。屈指淺肌和深層的屈指深肌一起協助手指或手腕屈曲。

肌肉的形成

屈指淺肌始於肱骨內側和前臂骨正面，止於手掌側的手指骨頭。

Point_1

日常生活中或從事運動時，彎曲手指並握住物品的動作都會大量運用屈指淺肌。

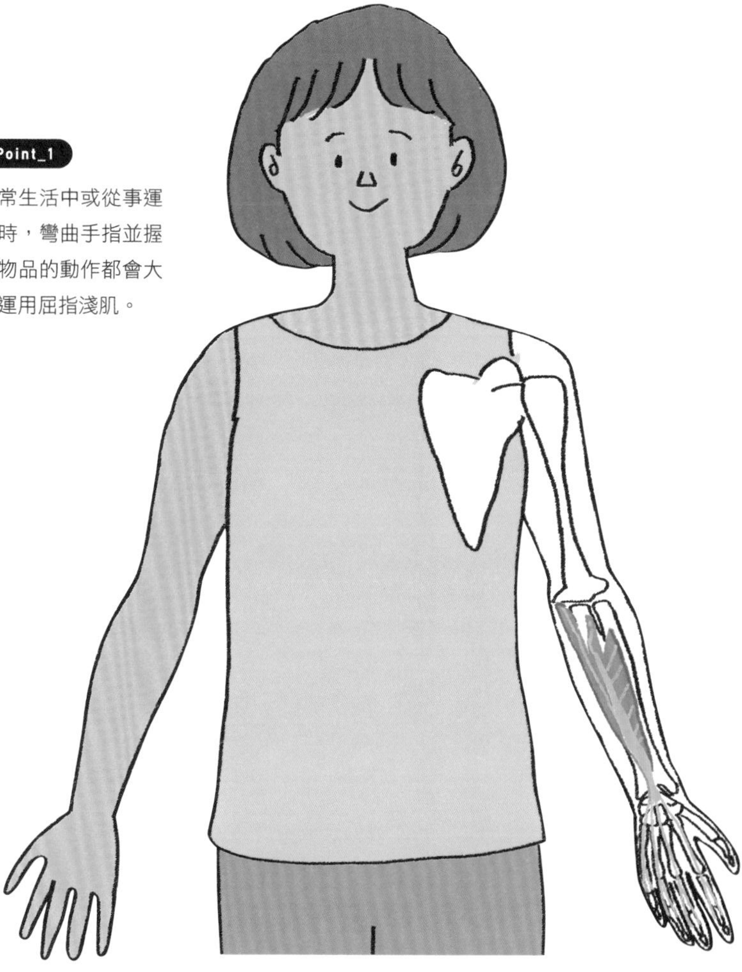

肌肉圖鑑

21

伸指肌

顧名思義可伸直手指或是反折手腕

伸指肌的功能，和上一篇介紹的屈指淺肌相反，它主要負責伸展手指的動作。伸指肌位於前臂的手背一側，附著在食指、中指、無名指和小指上。伸指肌是所有協助手指伸展的肌肉當中最強而有力的一種肌肉，不過它的功能卻不侷限於手指，當我們反折手腕時也會使用到這條肌肉。

日常生活中，彈琴或握住物品並放開時，也都會運用到伸指肌。至於在運動方面，舉凡打排球時的發球和扣球、摔角或相撲比賽中以巴掌擊打對手的臉，都是伸指肌發揮功能的場合。不過和屈指淺肌一樣，建議平時都要按摩，幫助伸指肌放鬆。伸指肌的有效鍛鍊方式是以手握拳，將手腕往手掌心的方向彎折至極限。

FOCUS ON ▶ 伸指肌

特徵與功能

伸指肌止於手背的手指骨頭，將4根手指集中起來，所以活動手指時，4指都會跟著一起動。

肌肉的形成

伸指肌始於肱骨外側和前臂骨背面，止於手背的手指骨頭。

Point_1

伸展指尖和反折手腕時，會大量運用到伸指肌。

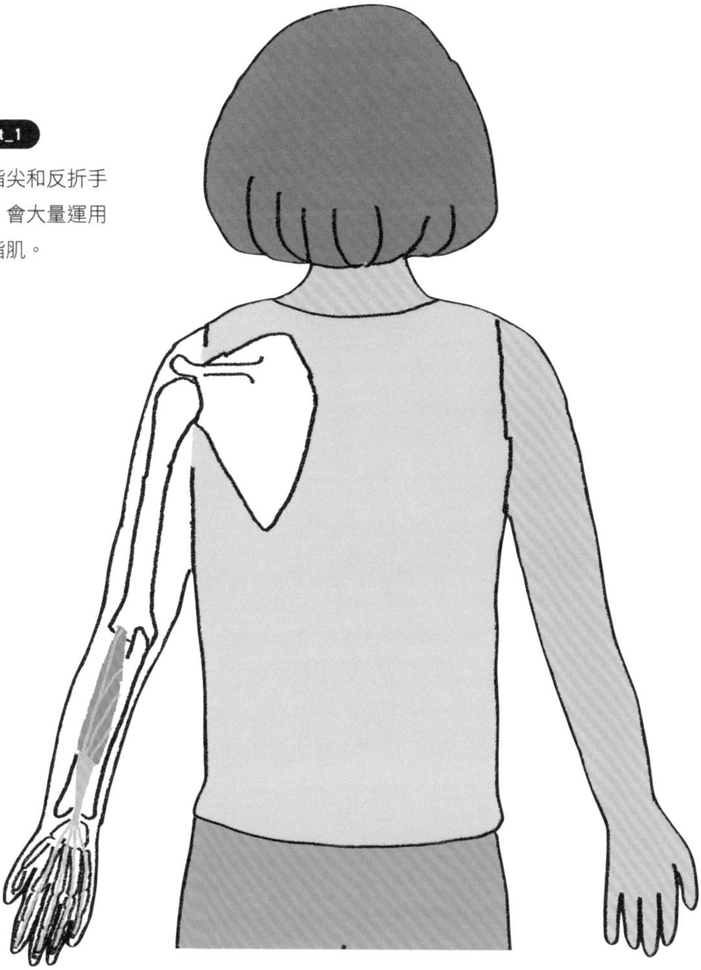

髖關節的肌肉

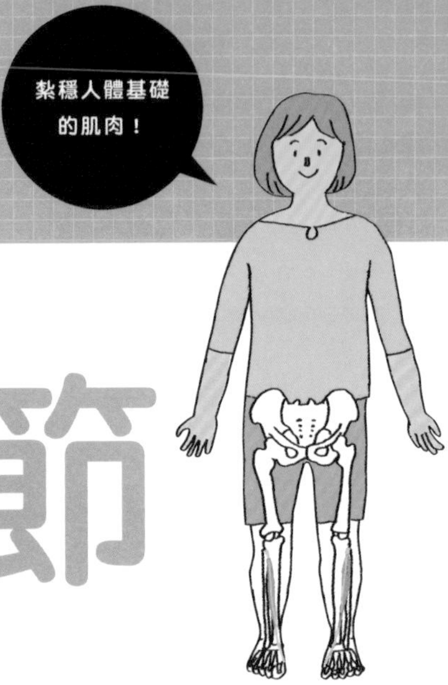

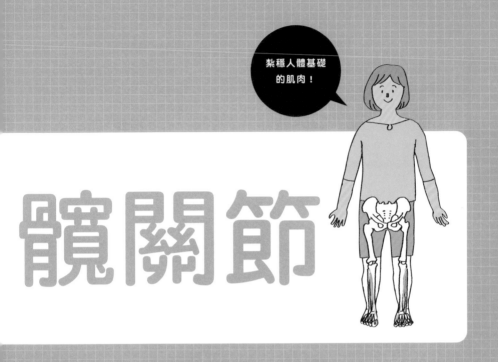

肌肉圖鑑 3

腹、臀、

肌肉圖鑑

22

腹直肌

協助腹部使力
糾正姿勢的腹部肌肉

鍛鍊腹肌可以練出六塊肌，而所謂的六塊肌就是指腹直肌。腹直肌從骨盆開始連接肋骨，是一種平板的長型肌肉，負責保護腹部的內臟，正是一般稱為腹肌的肌肉部位。腹直肌均衡且發達的人，不僅能維持筆直的身體姿勢，還可以控制骨盆向前或是向後傾倒；相反地，腹直肌無力的人，無法輕易活動骨盆，當骨盆過度前傾時會造成腰部反折，成為引發腰痛的原因之一。日常生活中，從仰躺姿勢爬起來時，腹直肌會和豎脊肌一起支撐身體。除此之外，可藉由腹直肌的收縮提高腹壓，腹部內臟受到壓迫，便可促進排便或排尿。

特徵與功能

腹直肌是位於腹部正中央的長型肌肉，其中由「腱劃」組織將腹直肌劃分成塊，所以腹直肌看起來就像是被分割了。

肌肉的形成

腹直肌始於骨盆正面的恥骨部，連接至肋骨下方（第5肋骨～第7肋骨）。

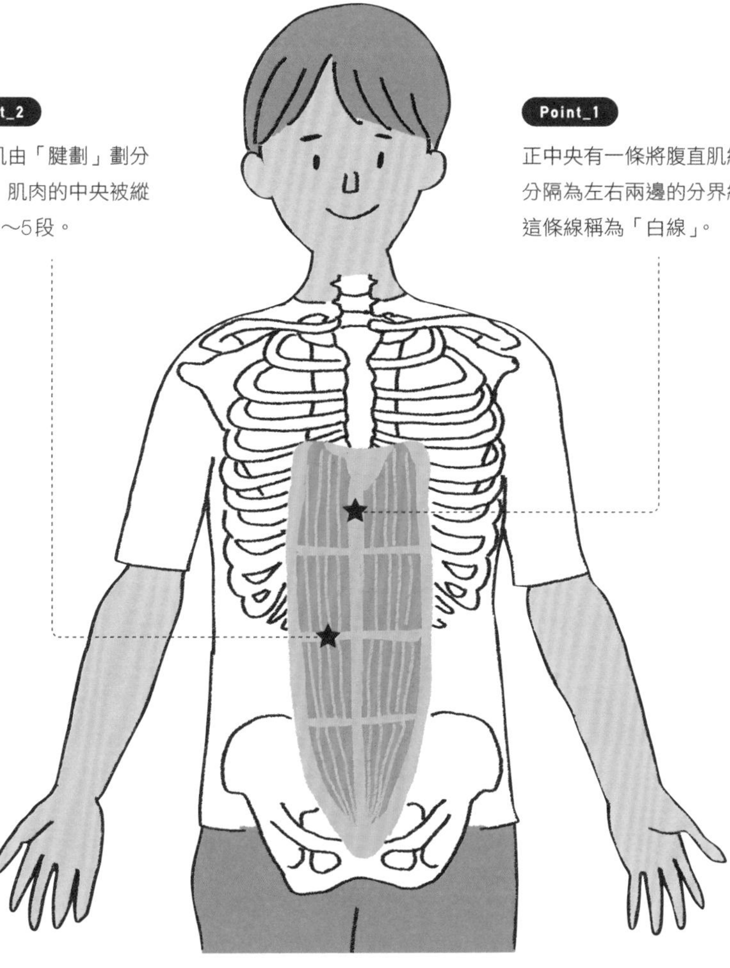

Point_2

腹直肌由「腱劃」劃分成塊。肌肉的中央被縱切成4～5段。

Point_1

正中央有一條將腹直肌縱切分隔為左右兩邊的分界線，這條線稱為「白線」。

肌肉圖鑑

23

腹斜肌

上半身向左右側彎、以及旋轉上半身的側腹肌肉

腹直肌位於腹部的正中央，而腹斜肌則是負責支撐腹直肌的肌肉。腹斜肌是位於側腹的表層肌肉，可分為外側的腹外斜肌和內側的腹內斜肌，這兩種肌肉皆是斜向連接肋骨與骨盆，但兩者會互相交錯。腹斜肌和腹直肌同心協力，使骨盆活動，因此在旋轉身體的動作當中扮演著相當重要的角色。當我們將體幹向右旋轉時，左邊的腹外斜肌和右邊的腹內斜肌會共同發揮作用；而當體幹往反方向旋轉時，則會運用到反側的肌肉。說到旋轉身體的動作，不僅是日常生活，運動時也同樣會大量做出這個動作。因此想要透過減肥來緊實腰部的人，鍛鍊腹斜肌就對了。

特徵與功能

表層的腹外斜肌和內側的腹內斜肌交疊在一起。旋轉身體時，會運用到互相交錯的腹外斜肌和腹內斜肌。

肌肉的形成

腹外斜肌始於身體下半部的肋骨表面，連接骨盆與周邊的筋膜。腹內斜肌則始於骨盆或腱膜，止於肋骨下端。

Point_2

腹內斜肌位在腹外斜肌的內側，且和腹外斜肌互相交錯。

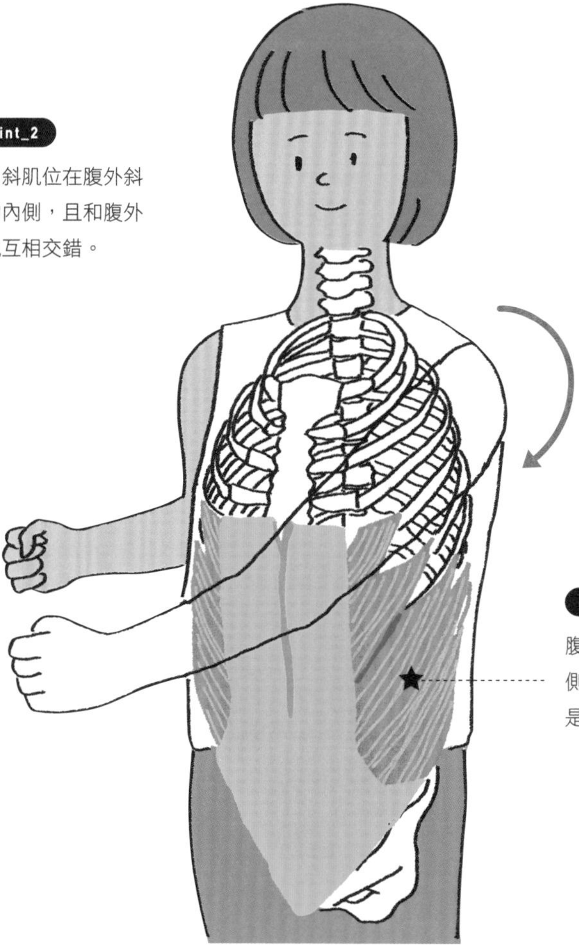

Point_1

腹斜肌當中，位在側腹最表層的肌肉是腹外斜肌。

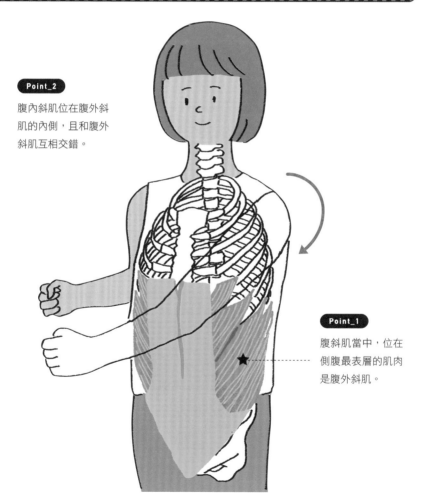

肌肉圖鑑

24

腹橫肌

位於身體深處
負責保護內臟的腹部肌肉

腹橫肌構成側腹部位，它是位在比腹斜肌更裡面的深層肌肉。腹橫肌被腹內斜肌包覆著，使力收起腹部，使腹部凹陷時。當我們做腹式呼吸的吐氣，或是大聲唱歌時，都會運用到腹橫肌。我們經常說的「用腹部發聲」，就是運用了腹橫肌的力量。腹橫肌的肌纖維走向是從肋骨、骨盆或後背筋膜開始，橫向出發，因此外觀上很像束腰帶。腹橫肌能夠支撐腰部周圍與體幹，穩定人體的姿勢。腹橫肌的作用是使腹部凹陷，可以和腹直肌、橫膈膜一起提高腹壓，如此一來就能幫助排便。此外，搬重物時，或是腹部用力使出很大的力氣時，也都會運用到腹橫肌。

FOCUS ON ▶ 腹橫肌

特徵與功能

位於腹內斜肌內側最深層的地方。肌肉橫向連接腹部，是一種用來保護內臟，像束腹一樣的肌肉。腹橫肌可以收緊腹部，穩定腰部。

肌肉的形成

腹橫肌始於肋骨（第7肋骨～第12肋骨裡面）、骨盆、後背的筋膜，覆蓋於腹部，止於腹直肌中央的白線。

Point_1

腹橫肌是形成側腹的深層肌肉。使力讓腹部凹陷，就能收緊腹橫肌。

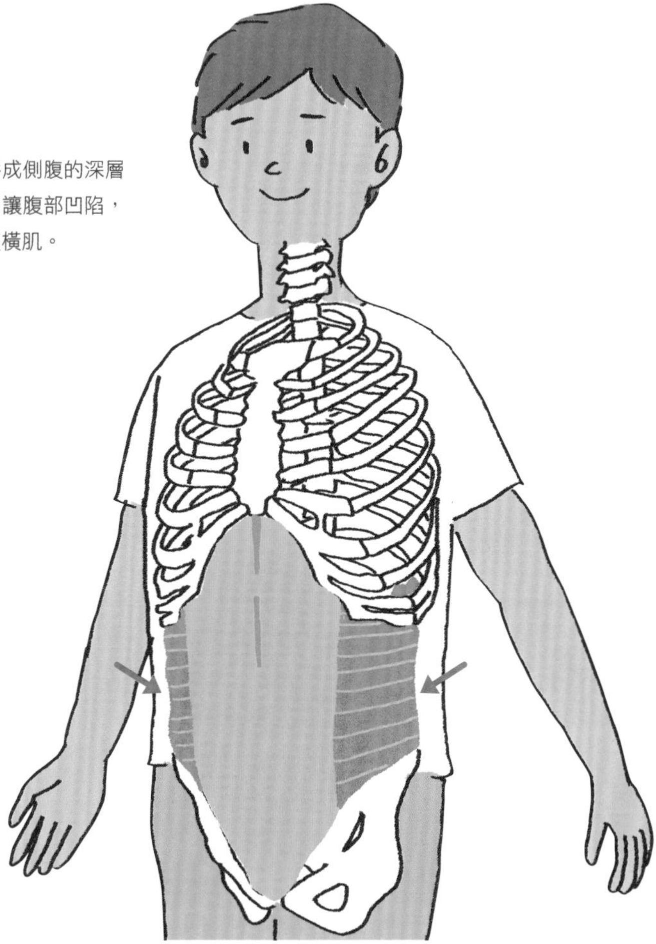

肌肉圖鑑

25

腰方肌

減緩體幹的晃動
維持身體穩定性的肌肉

腰方肌是附著於腰部周圍的肌肉，屬於體幹區塊的深層肌肉之一，連接骨盆與肋骨。人體主要會在身體傾倒或是向後彎折時運用到腰方肌，此外，提高骨盆的時候也會用到腰方肌。至於日常生活方面，腰方肌可使腰部彎曲，讓我們能夠提起放在地板上的行李；深呼吸時，腰方肌也會讓身體呈現彎曲。腰方肌在運動方面也發揮了重要的功能，能夠使身體往兩側彎曲，做出棒球的投球或打擊動作；做出高爾夫球的揮桿動作時，也可以減少身體的晃動，維持穩定。包含腰方肌在內，深層肌肉都在體幹的穩定性上做出了極大的貢獻，腰方肌更是足以稱為人體肌肉的幕後功臣。

特徵與功能

腰方肌是連接在肋骨和骨盆上的深層肌肉，分為左右兩邊。大部分的腰方肌被背部的豎脊肌（請參照p70）覆蓋著。

肌肉的形成

腰方肌始於骨盆上端，連接肋骨（第12肋骨）以及腰椎上突起的部分。

Point_1

腰方肌會在每天的日常中保持體幹的穩定，藉此減緩身體的晃動。

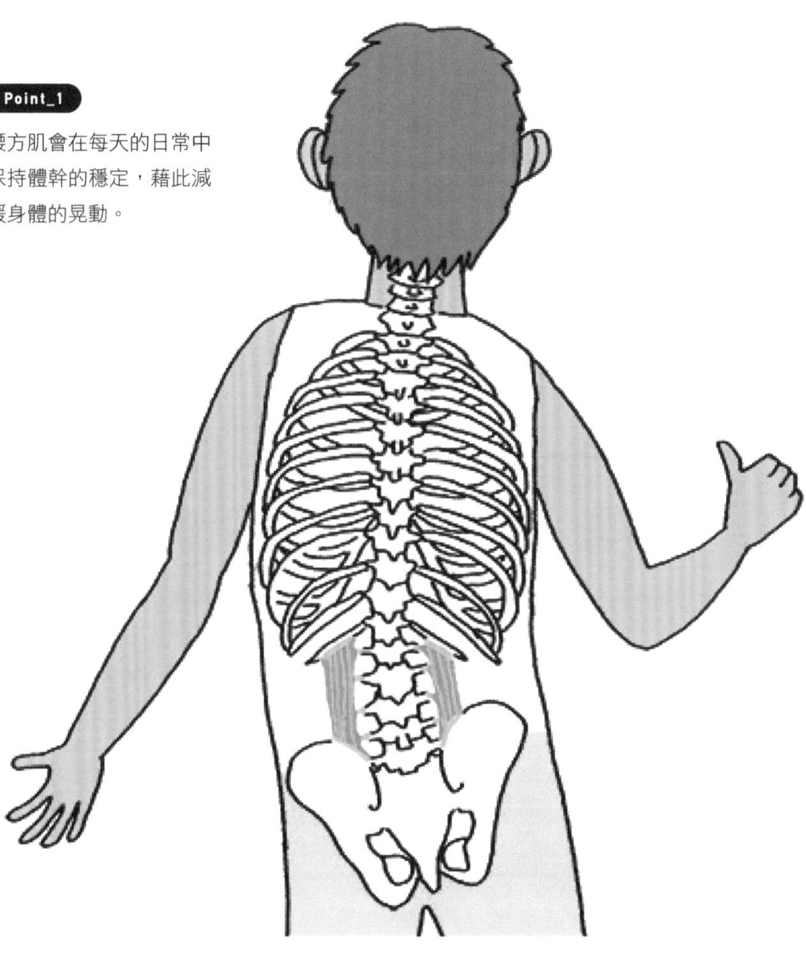

肌肉圖鑑

26

橫膈膜

呼吸肌肉橫膈膜

吸氣時收縮，並將空氣送入肺部

腹式呼吸的吐氣動作會使用到腹橫肌，而吸氣時則會使用橫膈膜。橫膈膜這個名稱很容易聯想成是一種筋膜，但其實卻是一種位在胸部下半部的肌肉。由於肋骨的關係，橫膈膜形成如同鳥籠般的構造，附著並塞住胸部的下半部。橫膈膜收縮並往腹部下降，胸廓空間會擴大，以便使空氣進入肺部。相反地，橫膈膜放鬆並向上拱起，胸廓空間便會縮小，空氣由肺部向外排出。吸氣時，腹部之所以會脹大，正是因為橫膈膜下降，內臟往前移動所形成的。如左頁插圖所呈現，當橫膈膜貼著胸廓的時候，就是吐氣時橫膈膜放鬆的狀態。

特徵與功能

由24根肋骨組成如同鳥籠般的構造，橫膈膜附著並塞住胸廓下半部。人體透過橫膈膜的上下移動來進行呼吸。

肌肉的形成

橫膈膜始於胸骨下半部的突起、肋骨下半部（第12肋骨）的內側與腰椎，並且連接至橫膈膜中心腱。

Point_2

如同插圖所呈現，吐氣時，橫膈膜放鬆並陷進胸廓裡，將肺部的空氣吐出。

Point_1

吸氣時，橫膈膜收縮，橫膈膜離開胸廓並下降移動，將空氣吸入肺部。

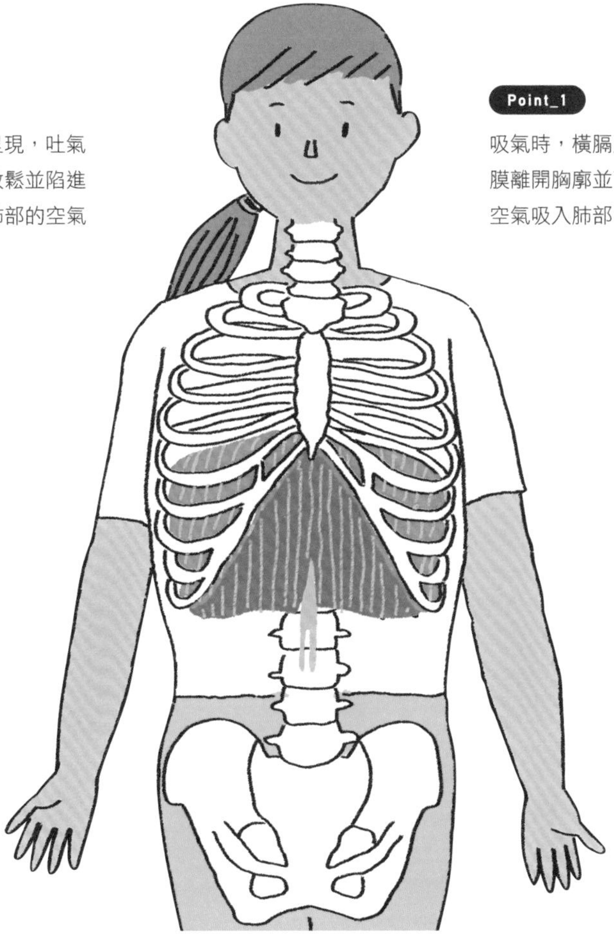

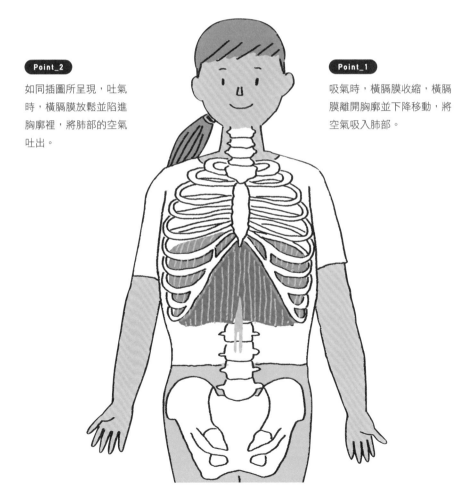

肌肉圖鑑
27
臀大肌

在跳躍或短跑等運動中幫助腿部活動的原動力

臀部上的大塊肌肉就是臀大肌。臀大肌始於骨盆，連接股骨及髂脛束，因此它與髖關節的活動有很大的關聯。站著將腿部向後伸展，或是髖關節向外張開的時候，特別容易使用到臀大肌的力量。舉凡跳躍動作、起跑衝刺時對地面施力，或是腿由後往前踢足球等，臀大肌經常在各種運動的動作當中大顯身手。

日常方面，像是走路、從椅子上站起等動作，也都會發揮臀大肌的功能，所以臀大肌衰弱必然會引起生活上的諸多不便。平常除了多多拉筋，伸展放鬆臀大肌之外，同時還需要用心鍛鍊。如果想讓身體背面的姿勢看起來更好看，提臀是必不可少的練習項目。

FOCUS ON ▶ 臀大肌

特徵與功能

臀大肌是形成臀部的主要肌肉。位在最表層，從臀部延伸拓寬，連接至腿部的骨頭，並覆蓋於髖關節上。

肌肉的形成

臀大肌始於骨盆後側，延伸至股骨、闊筋膜外側和髂脛束。

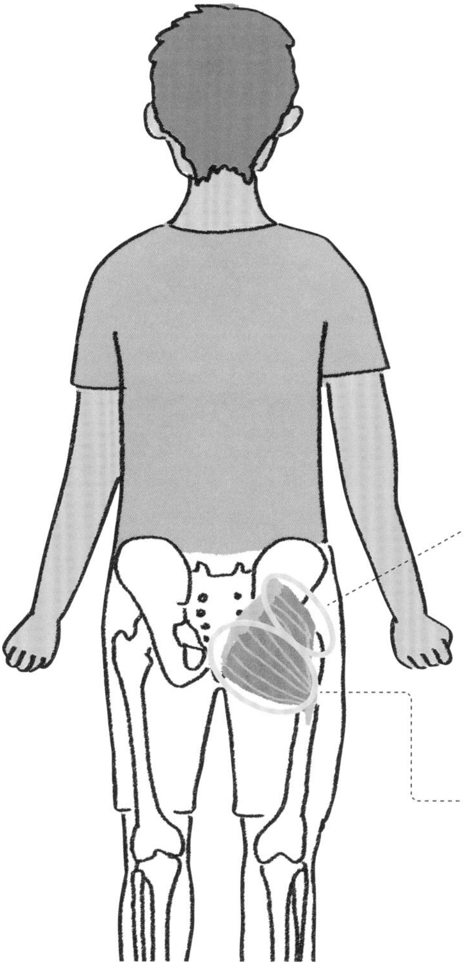

Point_1

臀大肌上半部可活動髖關節，腿向外張開時也會使用到它。

Point_2

原本張開的腿往內收攏時，會運用到臀大肌下半部。

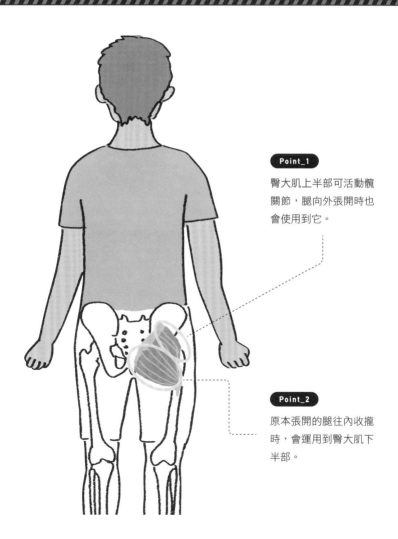

肌肉圖鑑

28

臀中肌、臀小肌

走路時，協助身體保持平衡或是讓腿向左右兩側活動

臀中肌從臀大肌上方的臀部側邊開始延伸，它和腿往身體內側收攏的動作無關，但除此之外的其他腿部動作都和這塊肌肉有關係。臀小肌是位在臀中肌深層的肌肉，功能和臀中肌幾乎相同。其中腿往外張開的動作，或是單腳站立時藉以穩定髖關節周圍的時候，尤其會使用到臀小肌。人在走路或跑步的過程中會抬起腿，這時會處於單腳站立的狀態，如果腳步不穩，就是臀中肌和臀小肌無力的證據。除此之外，人上了年紀後，可能會因為髖關節周圍肌力下降或炎症，造成走路踩地時單側骨盆歪斜，這種狀況稱為「臀中肌無力步態」（Trendelenburg sign）。為了預防臀中肌無力，平時必須多加鍛鍊臀中肌。

FOCUS ON ▶ 臀中肌、臀小肌

特徵與功能

臀中肌位在臀大肌上方，一部分被臀大肌遮蓋。臀小肌位在臀中肌的深層位置，走路時可協助骨盆維持穩定，功能和臀中肌相同。

肌肉的形成

臀中肌和臀小肌都始於骨盆外側，止於股骨外側。

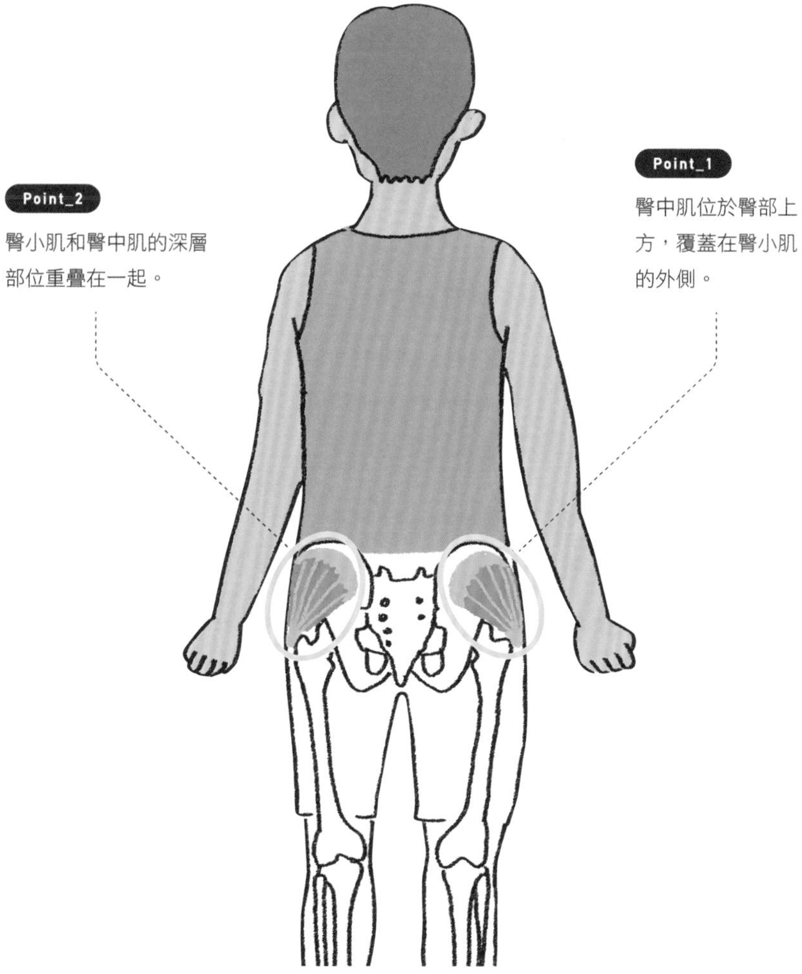
Point_2
臀小肌和臀中肌的深層部位重疊在一起。
Point_1
臀中肌位於臀部上方，覆蓋在臀小肌的外側。

肌肉圖鑑

29

闊筋膜張肌

調整兩腿的方向
或在向前邁開腳步時發揮功能

闊筋膜張肌是位在髖關節外側的小型肌肉，主要在雙腿向外張開時發揮作用，作用方式和前面介紹的臀中肌、臀小肌相同。闊筋膜張肌起始於骨盆，連接髂脛束（一種薄薄的韌帶），止於膝關節。當闊筋膜張肌太疲勞時，會導致髂筋束發炎，引起膝蓋外側疼痛。因此適當放鬆伸展闊筋膜張肌，會有助於改善髂筋束發炎情形。平常多多拉筋伸展，或是按摩闊筋膜張肌，比較不會出現疼痛問題。

日常生活中，當我們走路或跑步時向前邁步，這時闊筋膜張肌會作動調整腳步的方向，避免髖關節外旋。

特徵與功能

闊筋膜張肌是位於大腿位置的肌肉，連接髂脛束。邁開腳步的時候，會運用到闊筋膜張肌。

肌肉的形成

闊筋膜張肌始於骨盆外側，通過髖關節的大轉子並下行附著於髂脛束。

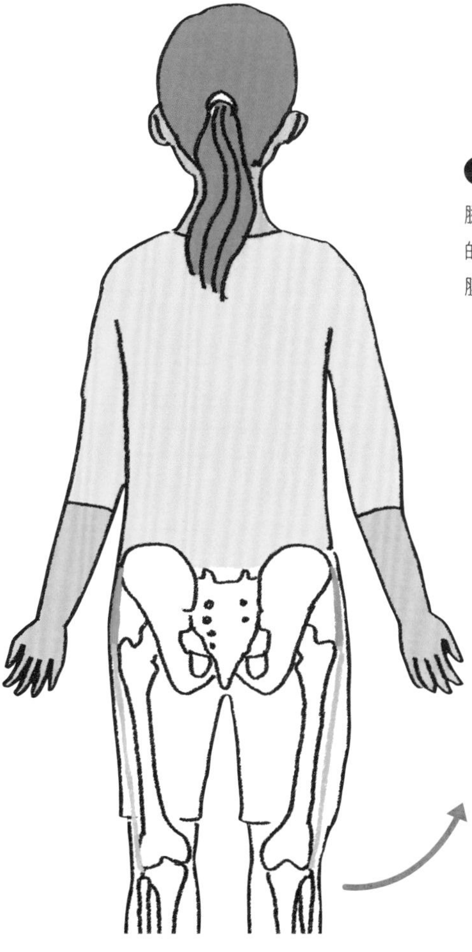

Point_1

腿向外張開，邁開腳步的時候，會運用到闊筋膜張肌。

肌肉圖鑑

30

髂腰肌

使髖關節流暢地活動
協助腿部活動

髂腰肌位於體幹的深層位置，在向前邁步等動作當中，它會以髖關節為支點協助腿部活動。髂腰肌並不是單一塊肌肉，而是由腰大肌、腰小肌以及髂肌三種肌肉所組成。不過，腰小肌其實是從腰大肌中分出來的肌肉，有超過半數的人天生沒有腰小肌，因此只要記得髂腰肌是由髂肌和腰大肌組成就好。彎曲髖關節、向前方抬腿的時候，髂腰肌會發揮作用，而且在走路和短跑衝刺時也表現得很活躍。另外，髂腰肌也和抬膝蓋的動作有關，髂腰肌無力很容易導致腳步踉蹌或跌倒，所以一定要多加注意。此外，抬腿的時候主要會運用到腰大肌的力量，髂肌則是在骨盆深處從旁協助。

特徵與功能

髂腰肌由「腰大肌、腰小肌與髂肌」3種肌肉組合而成。它們是體幹深處的深層肌，負責協助髖關節和腿部產生動作。

肌肉的形成

腰大肌始於脊柱（第12胸椎～第5腰椎），止於股骨內側的突起部。

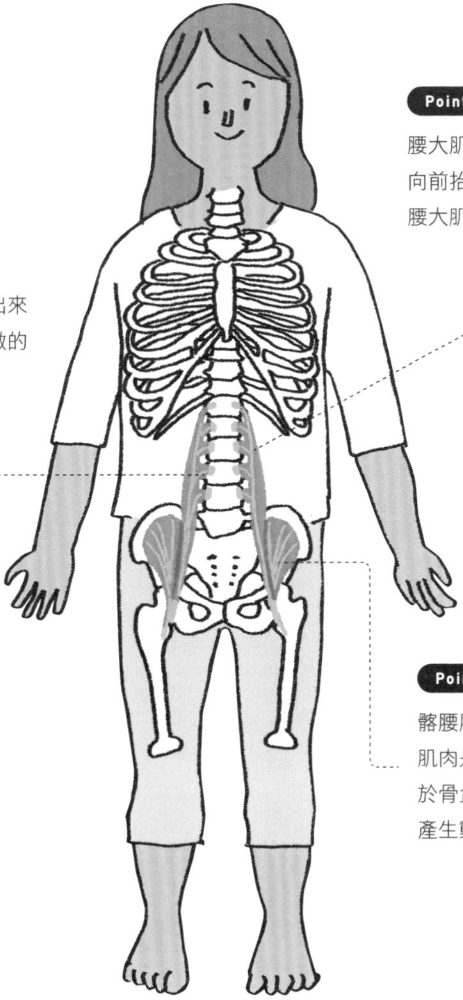

Point_1

腰大肌從脊柱開始附著，向前抬腿時主要會運用到腰大肌的力量。

Point_3

腰小肌是從腰大肌分出來的肌肉，所以超過半數的人沒有腰小肌。

Point_2

髂腰肌當中最深層的肌肉是髂肌，它附著於骨盆，輔助髖關節產生動作。

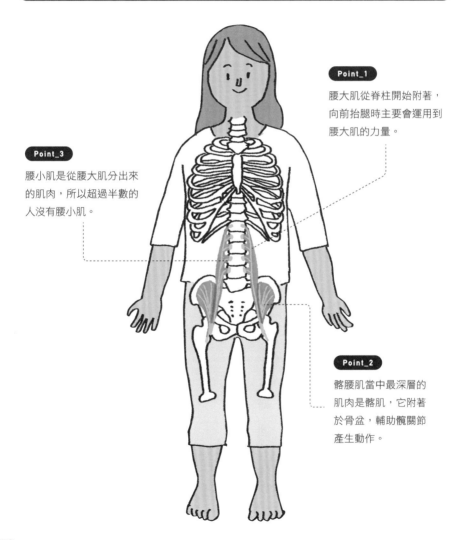

肌肉圖鑑

31 梨狀肌

協助腳趾尖往外轉並使髖關節活動

臀大肌連接著臀部與腿部，而梨狀肌是位於臀大肌深處的深層肌肉。梨狀肌始於骨盆，連接至股骨，具有穩定髖關節的功能。梨狀肌可牽動髖關節，使腳趾尖做出往外旋轉的動作。當我們站著並利用下半身轉動身體時，或是走路時變換方向，這些動作都會使用到梨狀肌。除此之外，梨狀肌也可以穩定下半身，同時伸出腿部、調整身體平衡，協助下半身產生流暢的動作。由於坐骨神經通往梨狀肌的正下方，假若梨狀肌太僵硬或太疲勞，便很容易引起坐骨神經痛。平常多多拉筋並伸展梨狀肌，有助於我們活得健康有朝氣。

FOCUS ON ▶ 梨狀肌

特徵與功能

梨狀肌是從骨盆開始，且連接至股骨大轉子的肌肉。位於肌肉深層，髖關節外轉，或是朝外側抬起的動作都會運用到梨狀肌。

肌肉的形成

梨狀肌的起點位在骨盆正面的薦骨，連接至股骨的大轉子，並跨越髖關節。

Point_1

腳趾尖朝向身體外側時，梨狀肌十分活躍。梨狀肌太僵硬容易引起坐骨神經痛的症狀。

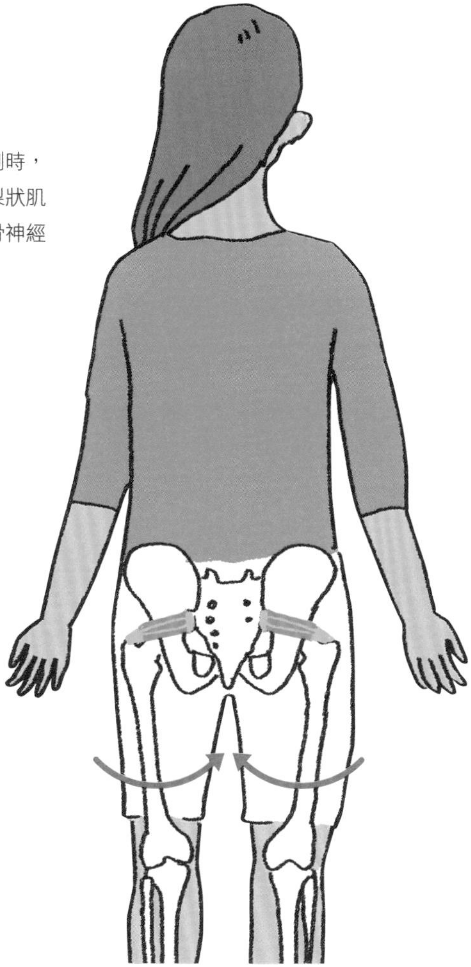

足部的肌肉

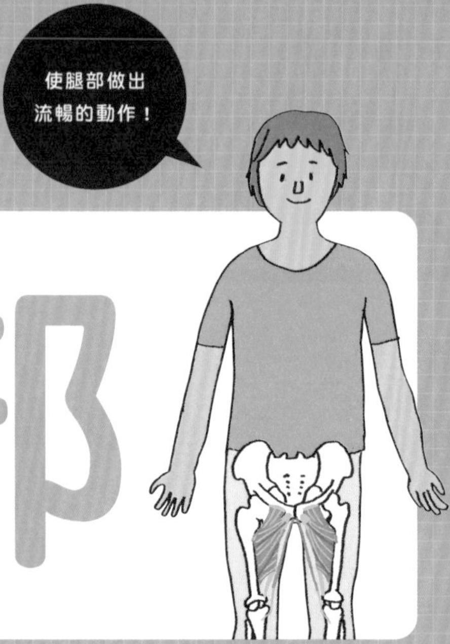

肌肉圖鑑 ▸ 4

腿、

肌肉圖鑑

32

股四頭肌

奔跑跳躍都難不倒
強而有力的大腿肌肉

股四頭肌正如它的名稱，分別由「股直肌、股外側肌、股內側肌、股中間肌」四種肌肉所組成。股直肌是股四頭肌的主要肌肉，附著於大腿正面、中間淺層的地方。股外側肌位於大腿外側，是股四頭肌當中面積最大的肌肉。股內側肌是大腿內側的肌肉，大腿活動時它會收縮，是一種勤奮的肌肉。最後的股中間肌，是位於大腿深層且體積很大的肌肉，可發揮出強大的力氣。其中，只有股直肌的起點是骨盆，而且分別跨過髖關節和膝關節，屬於雙關節肌肉。其他三種肌肉的起點不是骨盆，而是從股骨出發的單關節肌肉。股四頭肌主要在伸展膝蓋、走路、跑步或跳躍時大顯身手。

FOCUS ON ▶ 股四頭肌

特徵與功能

股四頭肌由股直肌、股外側肌、股內側肌、股中間肌４種肌肉組成。4種肌肉形成的肌群一起行動，協助大腿發揮強大的力量。

肌肉的形成

股外側肌、股內側肌、股中間肌始於股骨正面。唯獨股直肌的起點是骨盆正面，橫跨髖關節和膝蓋，附著於脛骨上端。

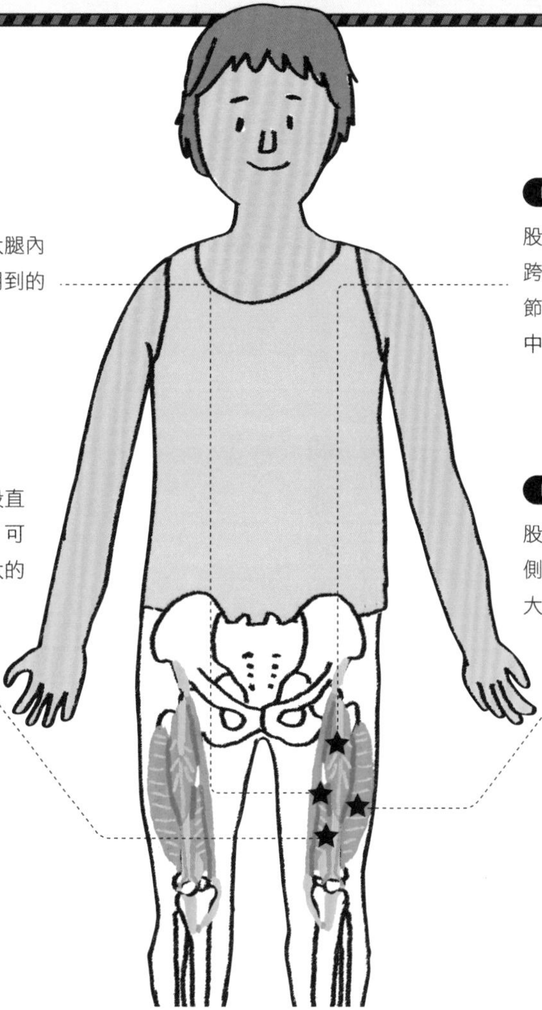

Point_1

股直肌是其中唯一橫跨兩個關節的「雙關節肌肉」，位在大腿中央。

Point_2

股外側肌位在大腿外側，是股四頭肌中最大塊的肌肉。

Point_3

股內側肌位在大腿內側，是經常使用到的肌肉。

Point_4

股中間肌位在股直肌的深層位置，可以發揮非常強大的力量。

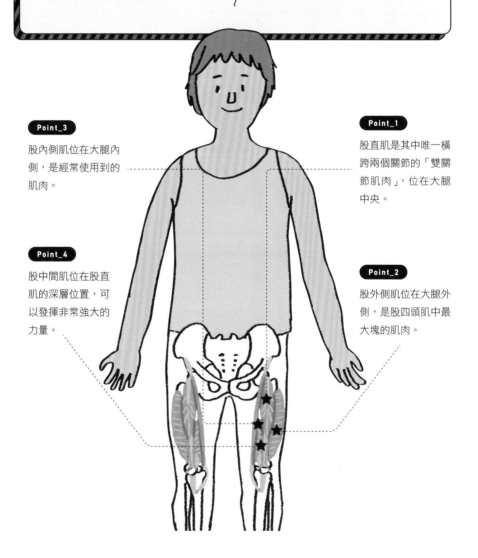

肌肉圖鑑

33

大腿後側肌群

使膝蓋彎曲，用力往上跳 在跑步時提供力量的肌肉

一說到大腿內側肌肉，首先會聯想到大腿後側肌群。大腿後側肌群和股四頭肌相反，主要負責協助膝蓋彎曲。大腿後側肌群是由「股二頭肌、半膜肌、半腱肌」三種肌肉組成的肌群；其中的股二頭肌位在最外側，起點可分為長頭和短頭，不僅能協助膝蓋彎曲，還具有使髖關節伸展的功能。半膜肌在膝蓋彎曲的動作中占有一席之地，肌腹（肌肉中央膨大的部分）比起骨盆更靠近膝蓋。半腱肌覆蓋著半膜肌，半腱肌的肌腹靠近骨盆附近。例如一百公尺等短跑項目當中，通常會大量運用到大腿後側肌群，因此短跑選手必須加強大腿後側肌群的發達程度以及柔軟度。

FOCUS ON ▶ 大腿後側肌群

特徵與功能

由股二頭肌（長頭與短頭）、半膜肌、半腱肌組成的大肌群。大腿後側肌群可發揮極大的力量，因此在衝刺快跑或跳躍方面表現突出。

肌肉的形成

半腱肌、半膜肌，以及股二頭肌的長頭始於坐骨，只有股二頭肌的短頭始於股骨，止於腓骨頭和脛骨上端。

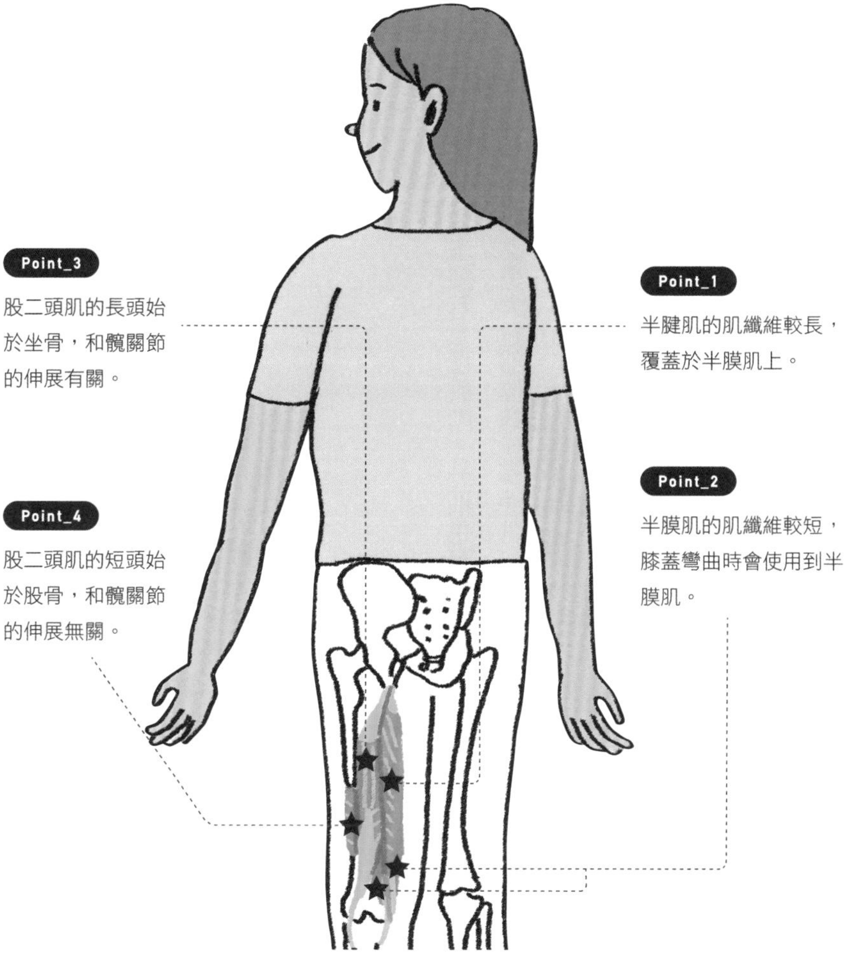

Point_3
股二頭肌的長頭始於坐骨，和髖關節的伸展有關。
Point_1
半腱肌的肌纖維較長，覆蓋於半膜肌上。
Point_4
股二頭肌的短頭始於股骨，和髖關節的伸展無關。
Point_2
半膜肌的肌纖維較短，膝蓋彎曲時會使用到半膜肌。

肌肉圖鑑

34

內收肌群

將腿朝身體內側收緊
使大腿能夠併攏的肌肉

大腿內側由多種肌肉組成，形成肌群，其中主要有五種肌肉，分別是恥骨肌、內收大肌、內收長肌、內收短肌與股薄肌。內收肌群和股四頭肌都是大腿部位的代表性肌肉。恥骨肌是內收肌群中位在最上方的肌肉，通常在大腿併攏等大腿往內收緊的動作中發揮功能。內收大肌是最大塊的肌肉，同時也最強而有力。內收長肌位在內收大肌的前方，除了可使髖關節靠攏，彎曲和伸展髖關節的動作也會運用到內收長肌。內收短肌是被恥骨肌和內收長肌覆蓋的深層肌肉，髖關節往內轉的動作會大幅使用到內收短肌。股薄肌是一種細長的肌肉，通過大腿最內側的地方，也是內收肌群中唯一的雙關節肌肉。

FOCUS ON ▶ 內收肌群

特徵與功能

內收肌群主要由5種肌肉組成的大腿內側肌肉，對腿部併攏或髖關節的活動有很大的影響。人體需要維持骨盆的穩定，因此內收肌群容易承擔較大負荷。

肌肉的形成

恥骨肌、內收長肌、內收短肌，始於骨盆的恥骨並跨越髖關節，止於股骨後方。只有股薄肌止於脛骨內側。

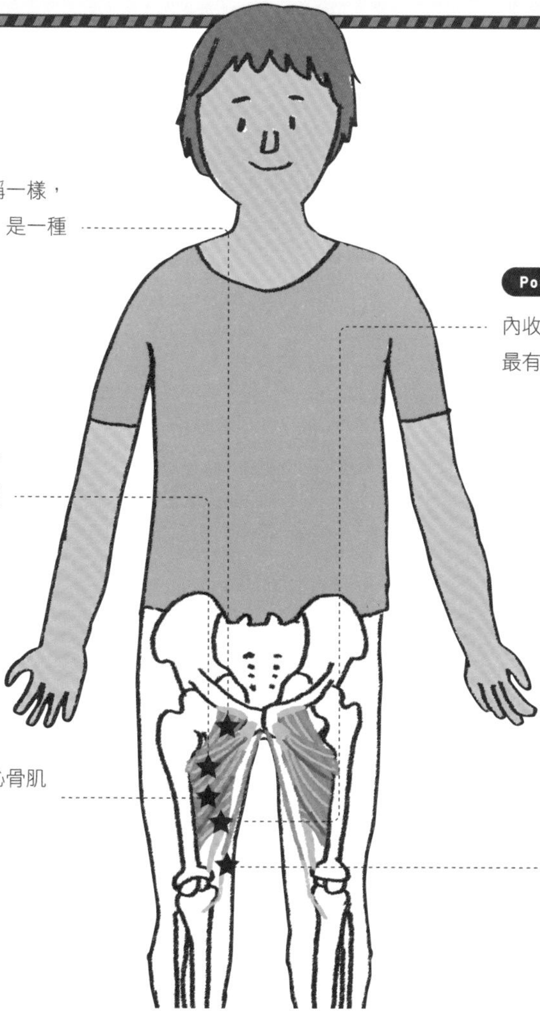

Point_3

恥骨肌就跟名稱一樣，位在恥骨附近，是一種平板的肌肉。

Point_1

內收大肌是內收肌群中最有力的肌肉。

Point_4

內收短肌被恥骨肌和內收長肌覆蓋著。

Point_2

股薄肌是通過大腿內側的細長帶狀肌肉。

Point_5

內收長肌經過恥骨肌下方。

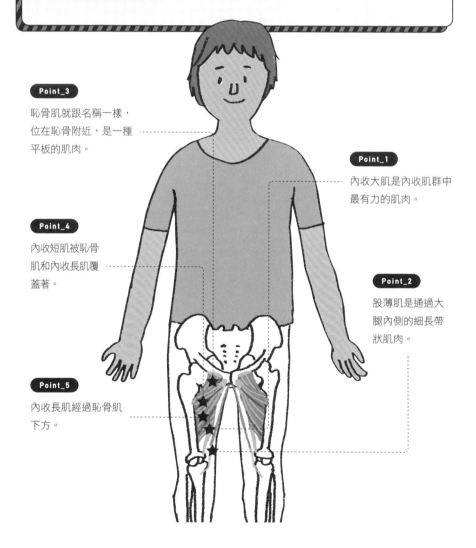

肌肉圖鑑

35

小腿三頭肌

如踮腳尖等伸展腳踝的動作便會運用小腿三頭肌

小腿肚上的肌肉稱為小腿三頭肌，是由兩種肌肉組成的肌群，分別為腓腸肌和比目魚肌，這兩種肌肉連接著阿基里斯腱。這塊肌群之所以稱為小腿「三」頭肌，是因為擁有三個起點，其中兩個分別是腓腸肌的外側頭和內側頭。腓腸肌跨越膝關節和踝關節，形成膨起的小腿肚；腓腸肌具有許多快縮肌纖維（瞬間爆發力），伸展背部或是跳躍時都會使用到它。另外，大部分的比目魚肌都被覆蓋於腓腸肌下方。比目魚肌有許多慢縮肌纖維，可以避免人體傾倒並保持穩定，是日常中不可或缺的一種肌肉。比目魚肌主要在站立姿勢中發揮其作用，而後腳跟離開地面的時候最常運用到比目魚肌。

FOCUS ON ▶ 小腿三頭肌

特徵與功能

小腿三頭肌是腓腸肌和比目魚肌的統稱。抬起後腳跟並伸展腳踝的時候，便是它發揮功能的主要時機。腓腸肌（內側頭和外側頭）位在比目魚肌的上方。

肌肉的形成

腓腸肌始於股骨，比目魚肌則始於脛骨和腓骨，兩者皆跨越踝關節，止於後腳跟突起的部分。

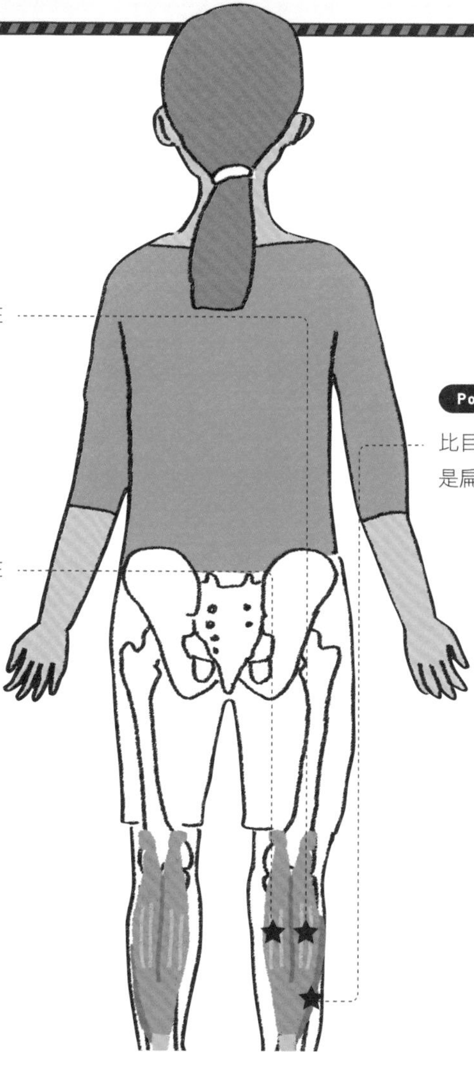

Point_1

腓腸肌的外側頭位在小腿肚外側。

Point_2

腓腸肌的內側頭位在小腿肚內側。

Point_3

比目魚肌被腓腸肌覆蓋，是扁平狀的肌肉。

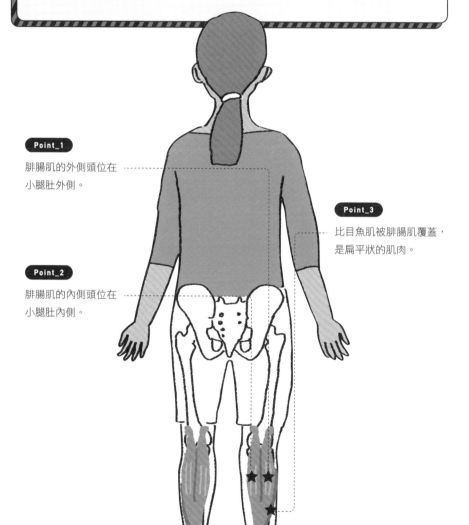

肌肉圖鑑

36

脛骨前肌、脛骨後肌

踮起腳尖或腳踝向前伸展時皆運用脛骨前肌和脛骨後肌

脛骨前肌位在腳脛，在腿部動作方面，它和前一項介紹的小腿三頭肌的功能相反。脛骨前肌的主要功能是協助腳踝彎曲並踮起腳尖，可以避免走路時絆倒。尤其是老年人應該鍛鍊脛骨前肌，可以預防走路摔倒。另外在運動方面，跑步時活動腿部、腳著地的動作，或是踮起腳尖並左右踏步的時候，脛骨前肌都會發揮功能。除了小腿正面的肌肉之外，小腿後方還有一種肌肉，名叫脛骨後肌，它是位在小腿三頭肌的深層肌肉。脛骨後肌通過脛骨和阿基里斯腱之間，延伸至腳底。脛骨後肌的主要功能和脛骨前肌相反，負責輔助腳踝伸展。

特徵與功能

脛骨前肌位在小腿正面，主要工作是彎曲腳踝，腳踝往內轉時也會運用到它。脛骨後肌的功能則和脛骨前肌相反。

肌肉的形成

脛骨前肌始於脛骨和腓骨正面，止於腳背。脛骨後肌始於脛骨和腓骨背面，止於腳底。

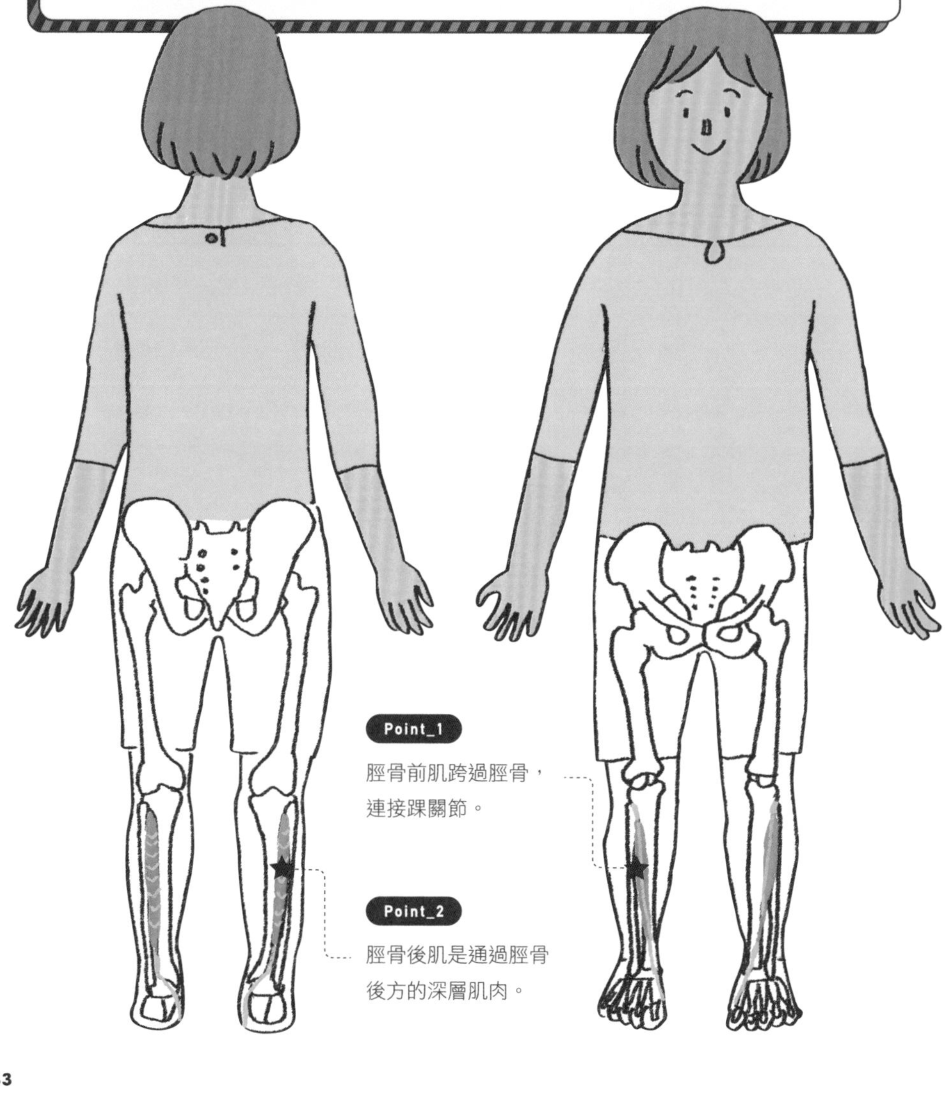

Point_1

脛骨前肌跨過脛骨，連接踝關節。

Point_2

脛骨後肌是通過脛骨後方的深層肌肉。

肌肉圖鑑

37

足底肌群

腳底板的靠墊
負責支撐足弓的肌群

人的腳底擁有許多細小的肌肉，層層疊疊的小肌肉分別具有各自的功能。足底筋膜覆蓋著足底肌群，它們一起形成足弓。足底筋膜是一種從腳趾根部開始，連接至腳跟的膜狀肌腱，同時也是人體中非常強韌的筋膜，可以協助腳底的肌肉運動。足弓位在腳窩，呈現圓頂拱起的形狀。足弓對於以雙腳站立行動的人類來說，尤其是不可或缺的存在，它的獨特構造發揮了「靠墊」的功能，走路時可以支撐人體並取得平衡。如果足弓往下坍塌，就會造成扁平足或足底筋膜炎，進而引起腳底疼痛，或是容易引起腿部的疲勞。

特徵與功能

足底筋膜是從腳趾開始，延伸至後腳跟的強韌筋膜。足底筋膜和足底肌群一同支撐腳底的足弓，負責緩和腳底受到的衝擊，具有靠墊般的功用。

肌肉的形成

足底肌群具有許多細小的肌肉，主要始於腳踝側並通往腳趾。足底筋膜始於後腳跟骨頭，連接至腳趾的根部。

Point_1

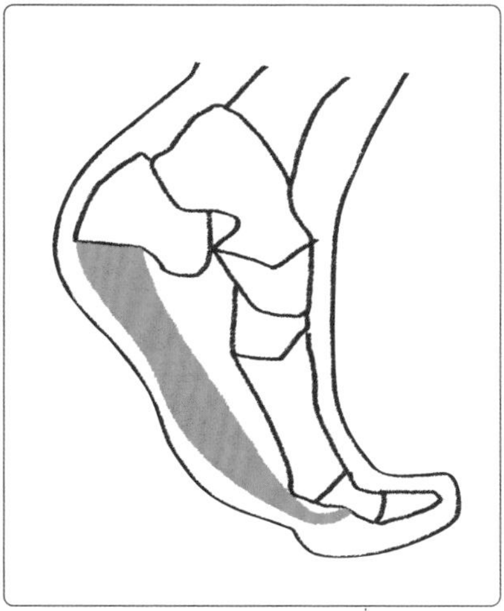

足底筋膜覆蓋於腳底的足底肌群之上。

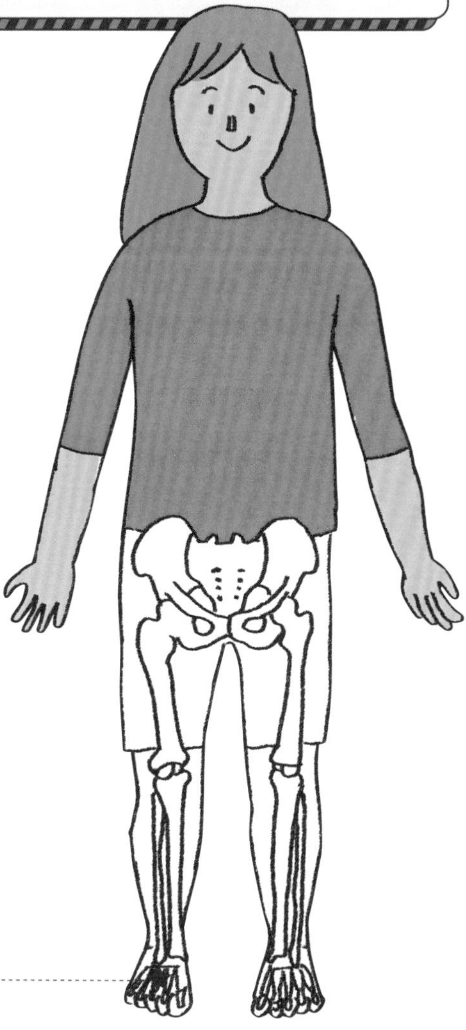

輕鬆動起來

肌肉的集中強化運動

3分鐘搞定

介紹完每天在我們體內活蹦亂跳的肌肉之後，
最後要教大家鍛鍊肌肉的方法。你最近正為了運動量不足而煩惱嗎？
認為自己身體變差的人，請務必挑戰看看肌肉強化運動！

01 >> 頸後肌群的鍛鍊法

脖子向前往下彎伸展

脖子往前倒，
維持15秒

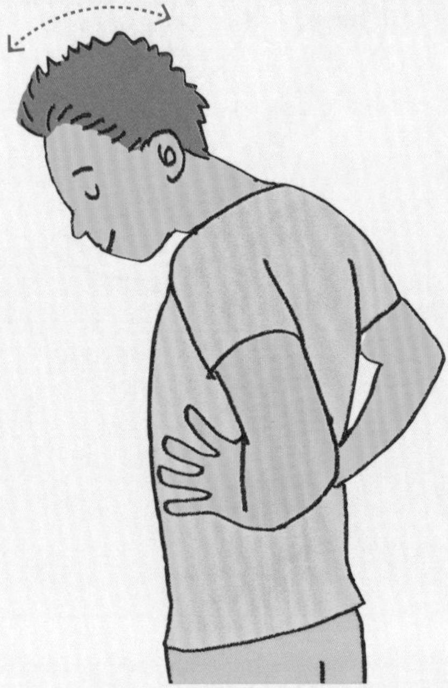

脖子後方肌肉變僵硬，會引起脖子痛或肩膀痠痛的問題。脖子往前伸、低頭伸展拉筋，便可以放鬆脖子周圍的肌肉。

→ 頸後肌群請參見P056

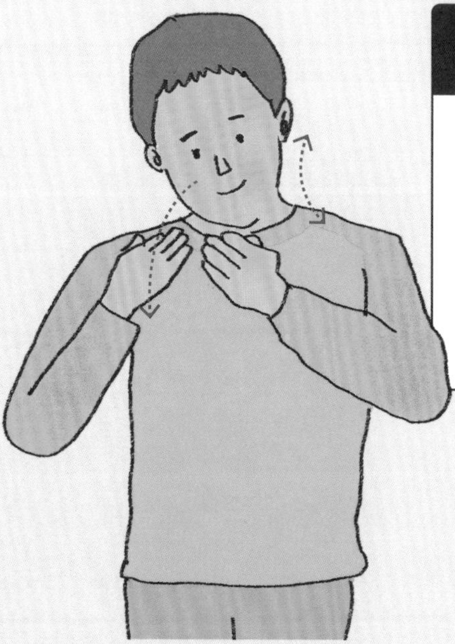

02 ≫ 胸鎖乳突肌的鍛鍊法

脖子往斜前方伸展拉筋

脖子往斜前方倒
維持10秒

胸鎖乳突肌周圍聚集了神經與血管，如果變僵硬會導致自律神經紊亂。將脖子往斜前方伸展，好好放鬆一下胸鎖乳突肌吧。

→ 胸鎖乳突肌請參見P058

03 ≫ 咬肌的鍛鍊法

咀嚼比較硬的食物

咬60次

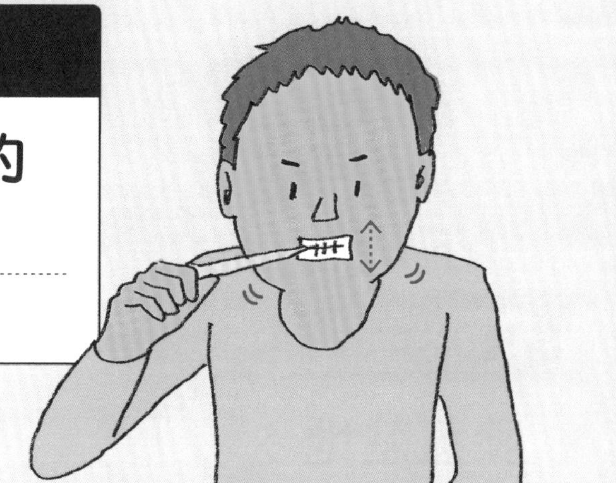

下巴肌力衰退，可能會引發顳顎關節炎，所以平時就要多加訓練。平時可以咀嚼魷魚這類較硬的食物，讓我們的下巴動一動。

→ 咬肌請參見P060

04 >> 背闊肌的鍛鍊法

抓住單槓 慢慢拉起胸部

引體向上 **5 次**

拉動手臂的動作可以刺激背闊肌，因此最適當的鍛鍊動作是斜身引體向上。腳著地，張開雙臂並握住單槓，緩緩地將胸部往上拉。

→ 背闊肌請參見 P 062

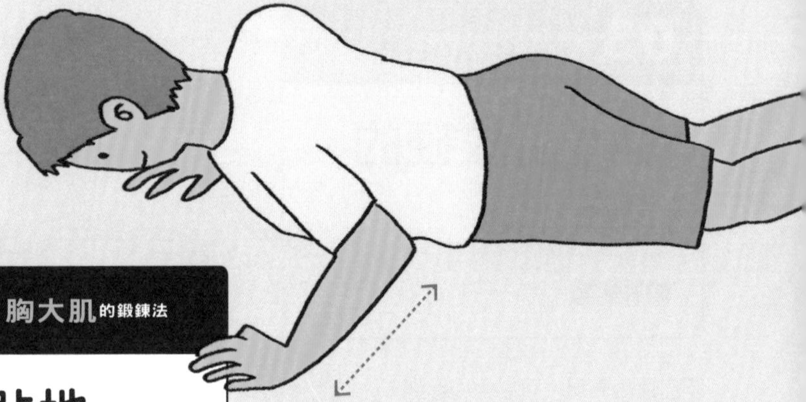

05 >> 胸大肌的鍛鍊法

膝蓋貼地 伏地挺身

伏地挺身 **10 下**

非常建議想增厚胸肌或豐胸的人練習伏地挺身。請先保持膝蓋貼地，降低負荷，再慢慢地彎曲和伸展手肘。

→ 胸大肌請參見 P 064

06 ›› 三角肌的鍛鍊法

舉起再放下寶特瓶

舉高再放下 **15次**

容易肩膀僵硬或難以舉高肩膀的人，可以鍛鍊三角肌以減緩疼痛。請拿起500毫升的寶特瓶，慢慢地舉高再放下，加強三角肌的肌力。

→ 三角肌請參見P066

07 ›› 旋轉肌袖的鍛鍊法

在身體左右兩側舉起並放下寶特瓶

舉高再放下 **10次**

兩手拿著500毫升的寶特瓶，拇指在下，小拇指在上，將寶特瓶平舉在身體的兩側。感受寶特瓶的重量感，來回10次，慢慢地舉起並放下。

→ 旋轉肌袖請參見P068

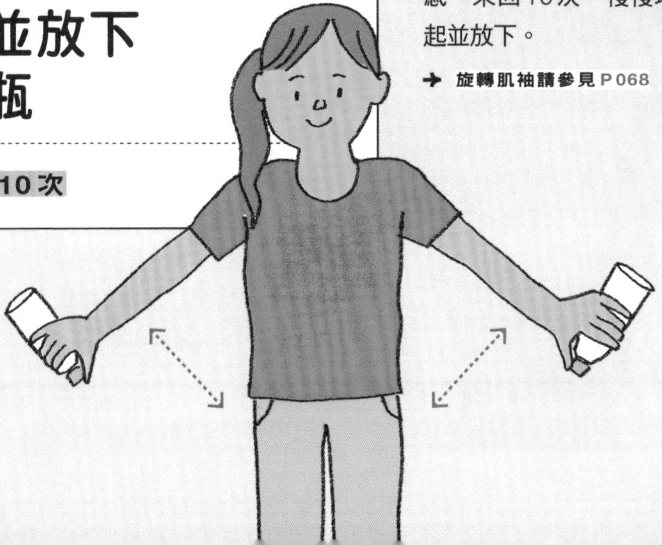

08 ›› 豎脊肌的鍛鍊法

伸展單側手和腿

左右兩邊交換，各**維持5秒**

先以四肢著地，接著伸展其中一邊的手臂，再伸展與手相反側的腿。維持5秒後再換邊伸展。

➔ 豎脊肌請參見P070

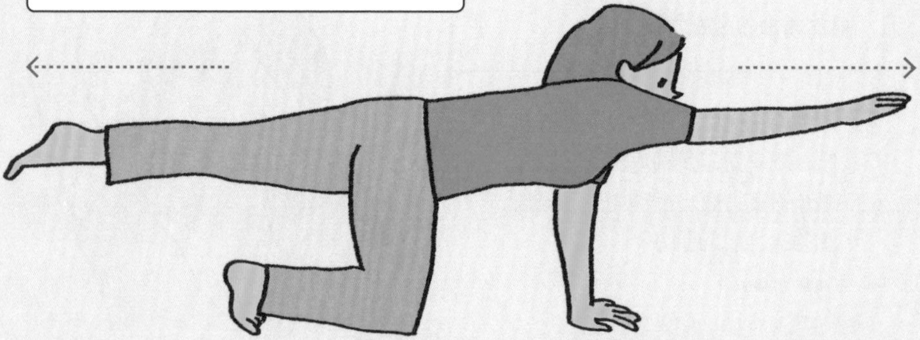

09 ›› 斜方肌的鍛鍊法

雙手壓住頭部後方

維持10秒

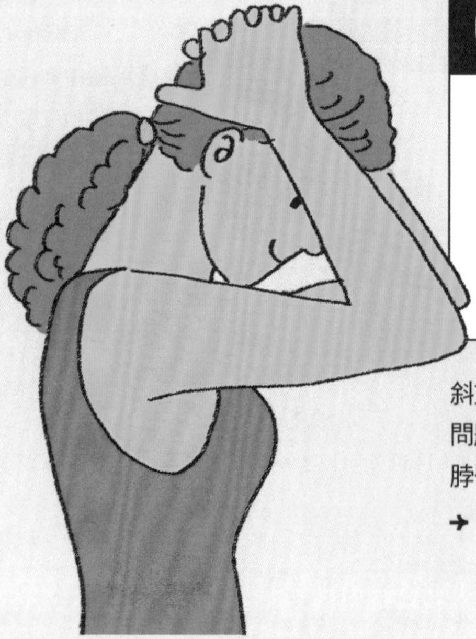

斜方肌無力容易，引起駝背或肩膀僵硬的問題。請先把雙手壓在頭部後方，接著對脖子施力。維持動作10秒。

➔ 斜方肌請參見P072

10 >> 前鋸肌的鍛鍊法

肩胛骨靠攏
伏地挺身

伏地挺身 **10 次**

一起放鬆伸展，並鍛鍊肩胛骨周圍吧。四肢著地，維持肩胛骨往中間收緊的狀態，彎曲膝蓋並做伏地挺身。

→ 前鋸肌請參見 P074

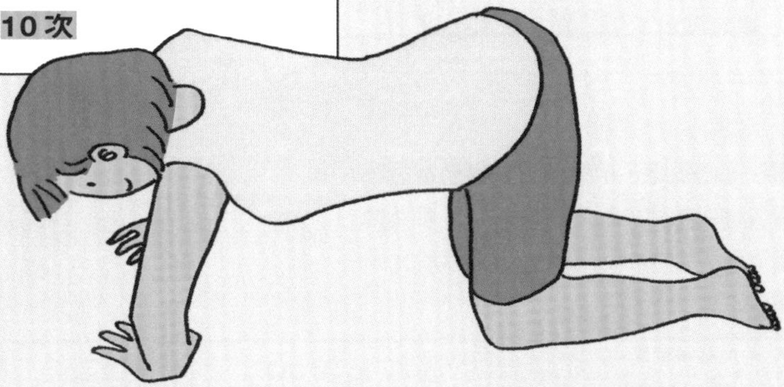

11 >> 提肩胛肌的鍛鍊法

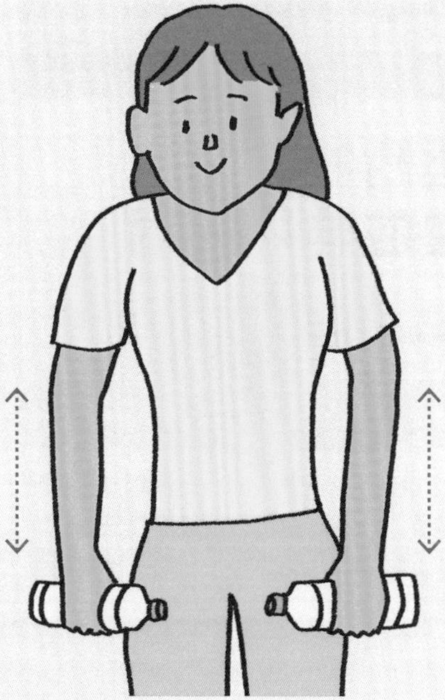

拿著寶特瓶
向上舉起並放下

舉起再放下 **10 次**

聳肩以鍛鍊肩膀。雙手握著寶特瓶，向上拉起肩胛骨，上下活動肩膀。

→ 提肩胛肌請參見 P076

12 >> 菱形肌的鍛鍊法

手向背後伸展
上下拉動毛巾

舉起再放下 10次

握住毛巾兩端，手臂由下方轉至背後，慢慢地舉起再放下毛巾。平時多多活動菱形肌以提高機動性，會比鍛鍊肌力來得更重要。

➔ 菱形肌請參見 P078

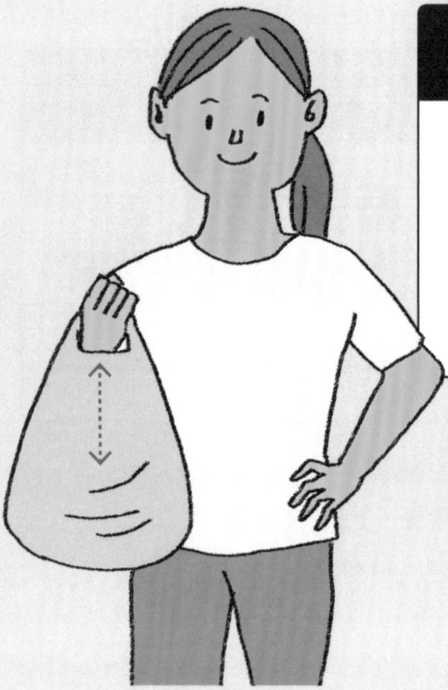

13 >> 肱二頭肌的鍛鍊法

拿起購物袋
彎曲並伸展手肘

屈曲伸展手肘，兩邊各 10次

手肘彎曲時會加重負荷，可以藉此鍛鍊肱二頭肌。平時可以拿著購物袋，練習手肘的彎曲與伸展。伸展時還可以鍛鍊到肱三頭肌。

➔ 肱二頭肌請參見 P082

14 >> 肱三頭肌的鍛鍊法

身體俯臥 彎曲伸展手肘 的上犬式

上下彎曲伸展 10次

身體先做出俯臥姿勢，接著兩手撐地，慢慢地伸展並彎曲手肘，透過上犬式鍛鍊肱三頭肌。這個動作還能同時鍛鍊到肱二頭肌。

➔ 肱三頭肌請參見 P084

15 >> 肱橈肌的鍛鍊法

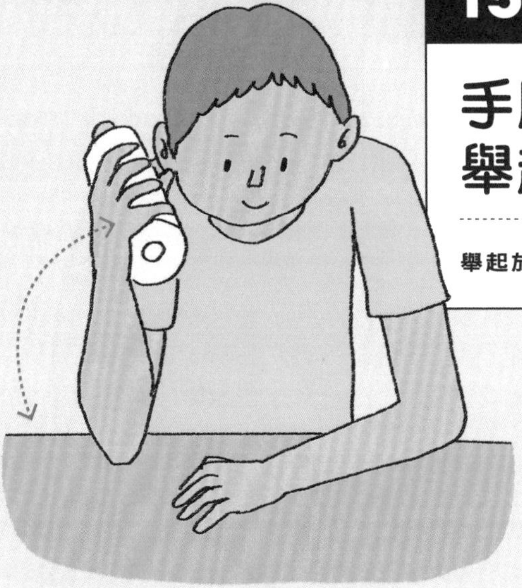

手肘靠著 舉起放下寶特瓶

舉起放下，左右各 10次

單獨鍛鍊前臂的有效方法，是以固定手肘的方式來做訓練。請將手肘靠在桌上，拿著寶特瓶，接著慢慢地橫向上下移動，鍛鍊肱橈肌。

➔ 肱橈肌請參見 P086

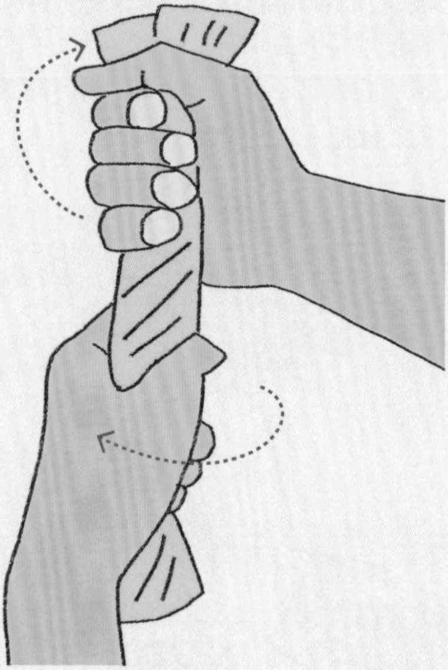

16 >> 旋後肌的鍛鍊法

用力
扭緊毛巾

扭轉 10次

手腕往外轉的動作可以鍛鍊到旋後肌。右手在上，左手在下，以垂直方向握著毛巾，用力扭轉毛巾以刺激旋後肌。

➔ 旋後肌請參見P088

17 >> 旋前方肌的鍛鍊法

手握寶特瓶
轉動手腕

轉動 10次

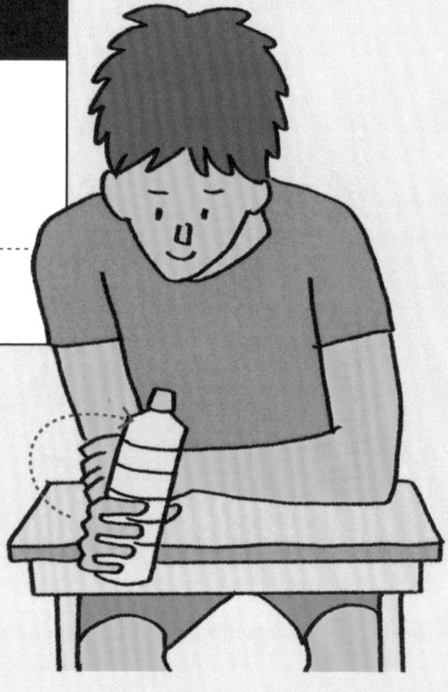

掌心朝上握住寶特瓶，以逆時針的方向，將寶特瓶由橫向轉成垂直，藉此轉動手腕以鍛鍊旋前方肌。

➔ 旋前方肌請參見P090

18 >> 腹直肌的鍛鍊法

以仰躺姿勢上下抬腿

上下抬腿 **10次**

一般的腹肌運動就可以鍛鍊腹直肌。另外也可以身體呈仰躺姿勢，上下抬腿活動腿部。建議來回抬腿10次。

➔ 腹直肌請參見P102

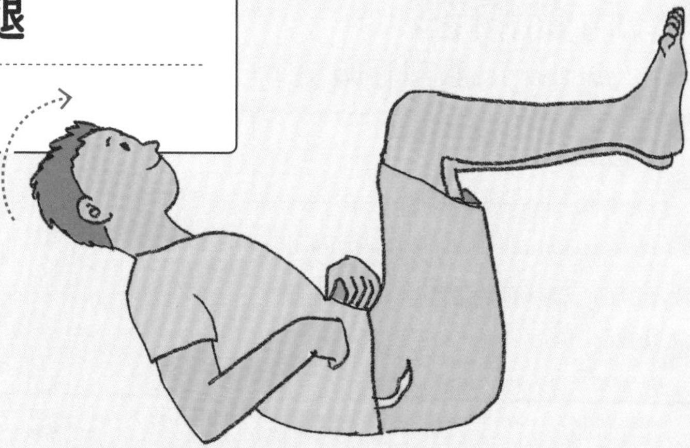

19 >> 腹斜肌的鍛鍊法

坐在地上旋轉上半身

左右交互旋轉 **10次**

藉由腹肌運動收緊腰部，刺激腹斜肌。請坐在地上屈膝，接著腹部出力，同時左右交互轉動上半身。

➔ 腹斜肌請參見P104

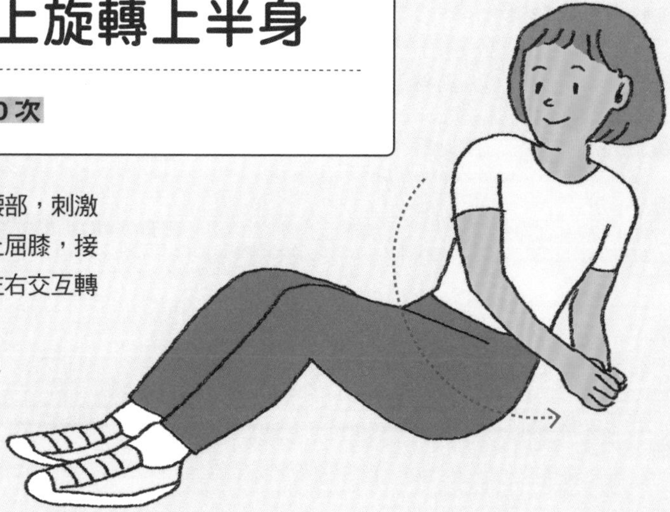

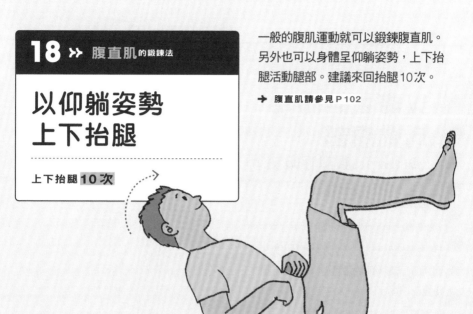

20 >> 腹橫肌的鍛鍊法

以腹式呼吸法活動腹部（Draw-in腹部呼吸法）

吸氣並吐氣 **5次**

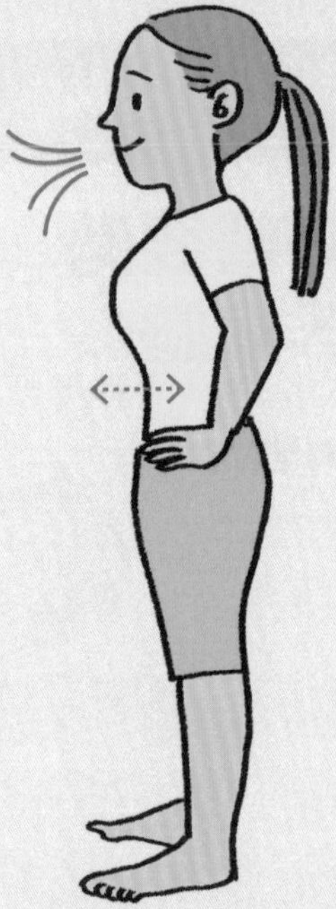

使腹部隨著呼吸而活動的鍛鍊方式。站著大口吸氣，使腹部膨脹，接著吐氣，使腹部凹陷。

→ 腹橫肌請參見P106

21 >> 腰方肌的鍛鍊法

身體橫躺以手肘撐地的側棒式

左右各維持 **10秒**

體幹的訓練可以鍛鍊到腰方肌。請先讓身體橫躺，接著用手肘撐起上半身，維持這個姿勢10秒。

→ 腰方肌請參見P108

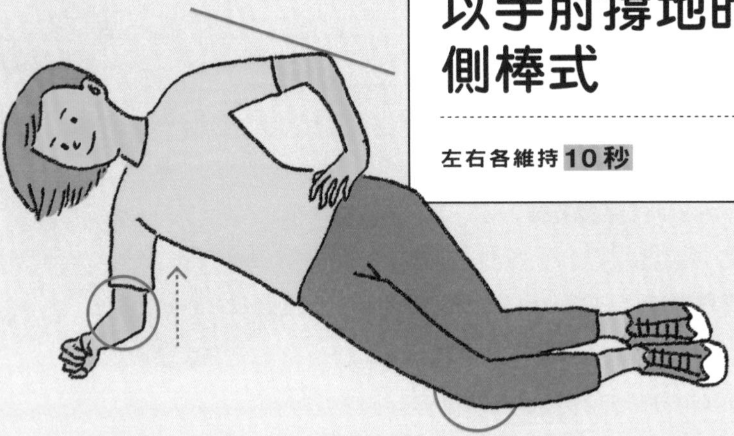

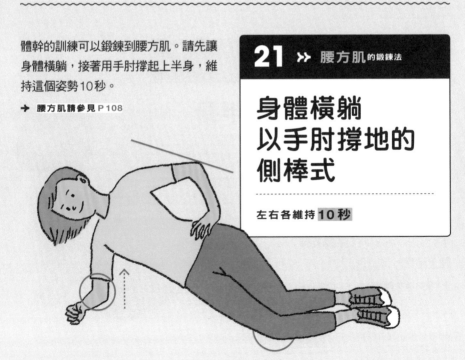

22 ›› 橫膈膜的鍛鍊法

吸氣使腹部膨脹
維持5秒鐘

維持5秒的呼吸動作

身體呈躺姿，雙手置於腹部，吸氣並使腹部膨脹。維持這個狀態5秒，接著吐氣，感受腹部逐漸向內凹陷。

➔ 橫膈膜請參見P110

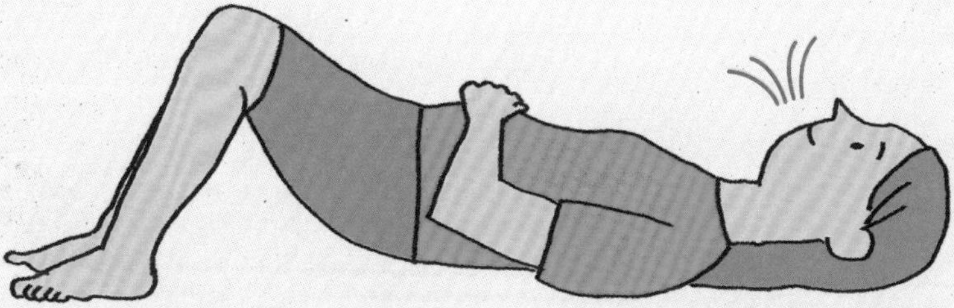

23 ›› 臀大肌的鍛鍊法

四肢著地
單邊抬腿

上下抬腿，左右各做**10次**

抬腿運動可以有效地鍛鍊臀大肌。請先四肢著地，接著伸展單側腿，注意力放在臀部的位置，抬起並放下腿。左右兩邊各做10次。

➔ 臀大肌請參見P112

腿部往身體兩側活動，可以鍛鍊臀中肌和臀小肌。平時可以在客廳側躺，一邊看電視，一邊上下活動腿部，趁機訓練臀中肌和臀小肌。

→ 臀中肌、臀小肌
請參見P114

24 >> 臀中肌、臀小肌的鍛鍊法

一邊看電視一邊抬腿

上下活動，左右各**10次**

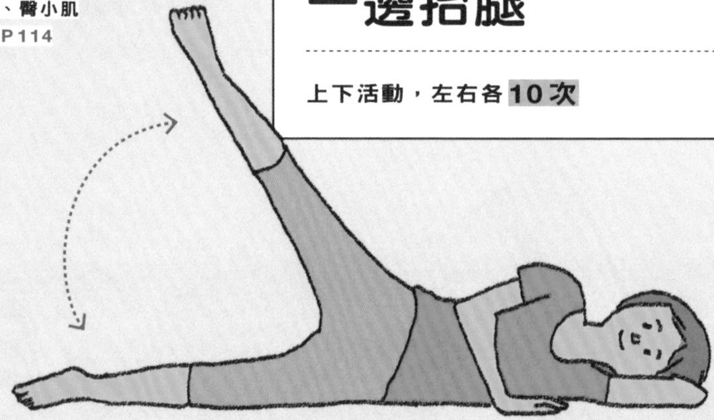

25 >> 闊筋膜張肌的鍛鍊法

伸展臀部兩側

左右兩邊各**維持10秒**

闊筋膜張肌太疲勞或太僵硬，會引起髂脛束發炎。請將雙腿交叉，伸展臀部的兩側，放鬆一下闊筋膜張肌吧。

→ 闊筋膜張肌請參見P116

26 ›› 髂腰肌的鍛鍊法

身體仰躺伸展腿部並上下移動

上下活動 **10次**

髂腰肌是體幹的深層肌肉，所以必須紮紮實實地鍛鍊。請先躺在地上，並伸展雙腿。接下來，不要屈膝，雙腿往上抬起，再回到原本的姿勢。

→ 髂腰肌請參見P118

27 ›› 梨狀肌的鍛鍊法

伸展拉筋髖關節

左右各**維持15秒**

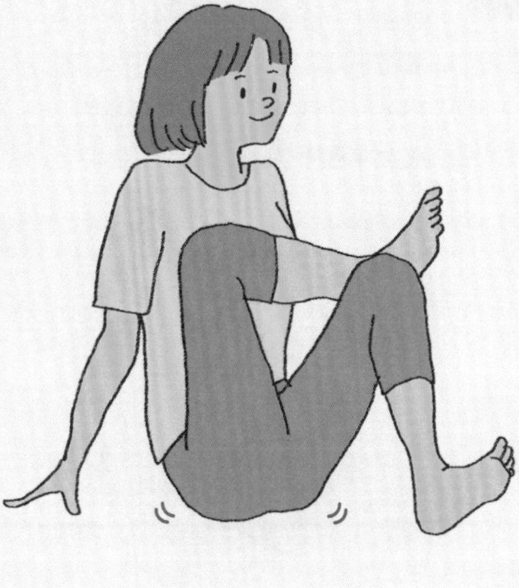

梨狀肌維持良好的狀態是很重要的一件事。建議可以將腿往內轉，伸展一下梨狀肌。接著就讓我們一起伸展髖關節吧。請坐在地上，一腳放在另一腳的膝蓋上，保持這個姿勢拉拉筋。

→ 梨狀肌請參見P120

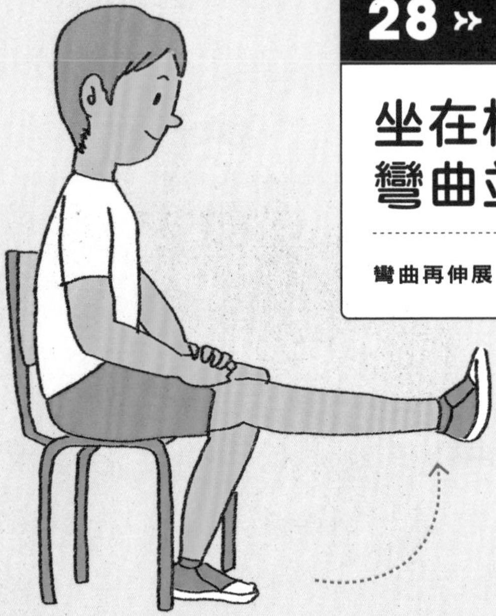

28 >> 股四頭肌的鍛鍊法

坐在椅子上 彎曲並伸展膝蓋

彎曲再伸展，左右各10次

股四頭肌是幫助腿部活動的重要肌肉。平時可以藉由坐在椅子上，彎曲並伸展膝蓋，提高股四頭肌的柔軟度。

➔ 股四頭肌請參見P 124

29 >> 大腿後側肌群的鍛鍊法

身體呈臥倒姿勢 彎曲膝蓋

屈膝，左右各做10次

屈膝運動可以鍛鍊大腿後側肌群。請先在地上做出臥倒姿勢，彎曲單邊膝蓋，接著回到原本的位置。練習時可以像插圖一樣，利用彈力帶來增加負荷，藉此提高訓練效果。

➔ 大腿後側肌群請參見P 126

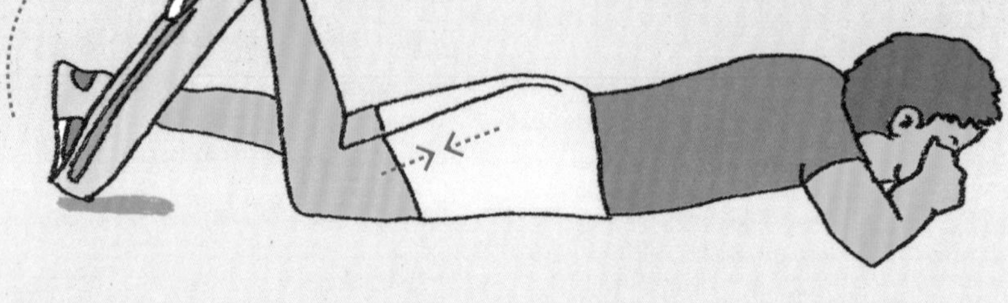

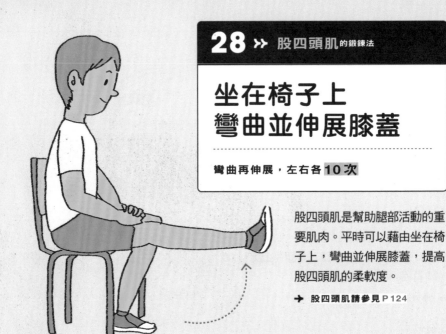

30 >> 內收肌群的鍛鍊法

大腿之間夾住軟墊雙腿向中心施壓

夾緊大腿**維持10秒**

內收肌群很容易變僵硬，因此平時記得要多加鍛鍊並刺激它。請先將軟墊或筋膜球夾在大腿之間，雙腿往內側施壓，維持10秒。

→ 內收肌群請參見P128

31 >> 小腿三頭肌的鍛鍊法

扶著椅子踮起腳尖

後腳跟提起再放下**10次**

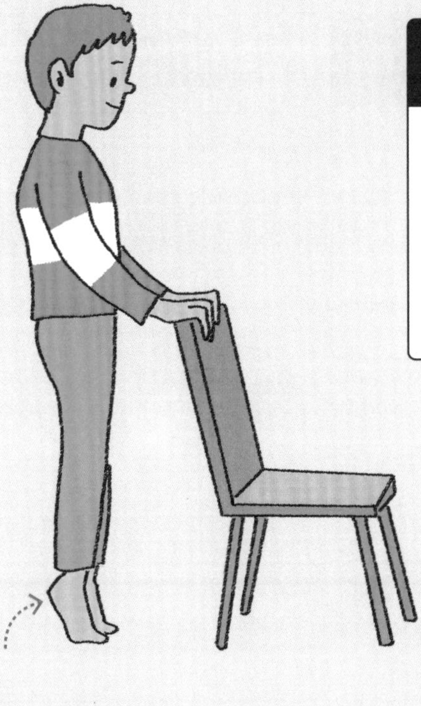

站著從事任何活動的時候，都會運用到小腿三頭肌。每天鍛鍊小腿三頭肌，可以幫助我們達到健康生活。請先扶著椅子，提起後腳跟並踮起腳尖，慢慢地上下活動，建議做10次。

→ 小腿三頭肌請參見P130

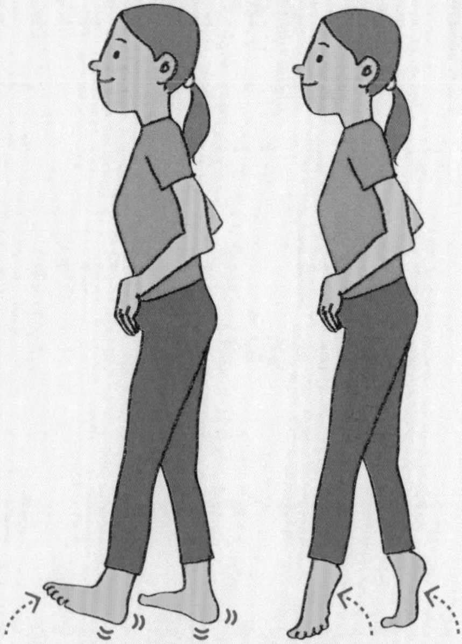

32 >> 脛骨前肌、脛骨後肌的鍛鍊法

腳跟走路＋腳尖走路

兩種走法，各走10公尺

加強腳踝的肌肉，可以預防摔倒。請分別用腳跟、腳尖走路，交互練習。建議可以在房間裡慢慢地走動。

➜ 脛骨前肌、脛骨後肌請參見P132

33 >> 足底肌群的鍛鍊法

用腳趾拉動毛巾

拉5次

鍛鍊腳底可避免足弓塌陷，「抓毛巾術」便是很有效的鍛鍊方式。請用腳趾抓住毛巾，並且將毛巾拉向自己。這個運動的要點主要在於刺激腳趾的活動。

➜ 足底肌群請參見P134

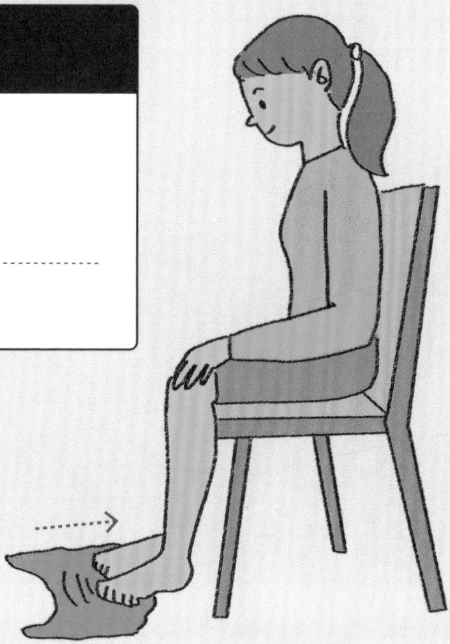

INDEX

肌肉構造大圖鑑

1～5畫

6～10畫

11～15畫

16～20畫

主要關節與骨骼一覽

骨骼建構人體，打造出人類的身體；
而關節連接著骨骼，骨骼透過關節產生動作。
人體的骨骼由200多根骨頭組成，
這裡要為你介紹幾個主要的骨骼和關節名稱。

正面

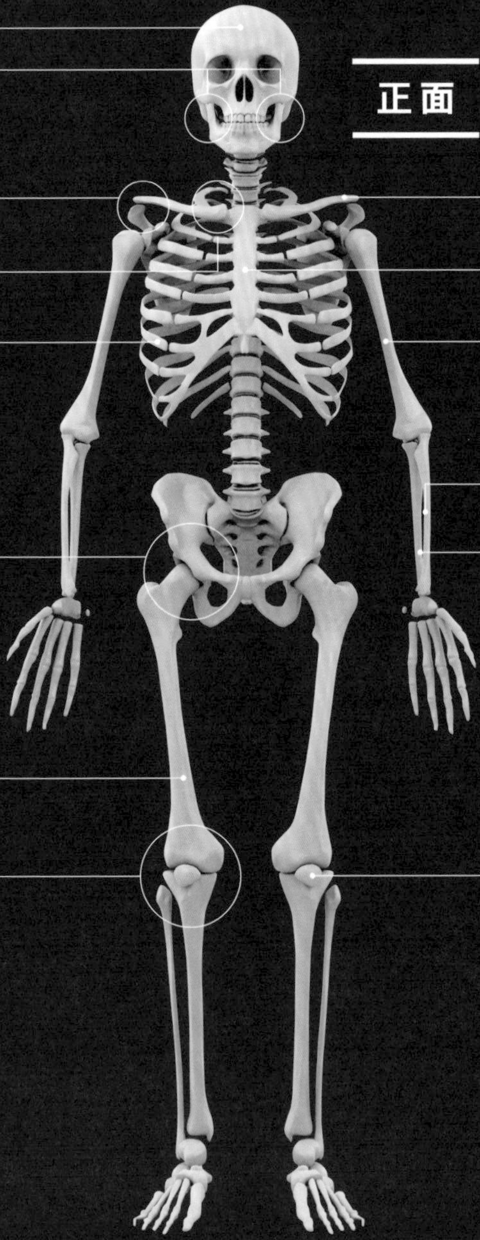

額骨
顳顎關節
肩鎖關節
胸鎖關節
肋骨
髖關節
股骨
膝關節
鎖骨
胸骨
肱骨
橈骨
尺骨
髕骨

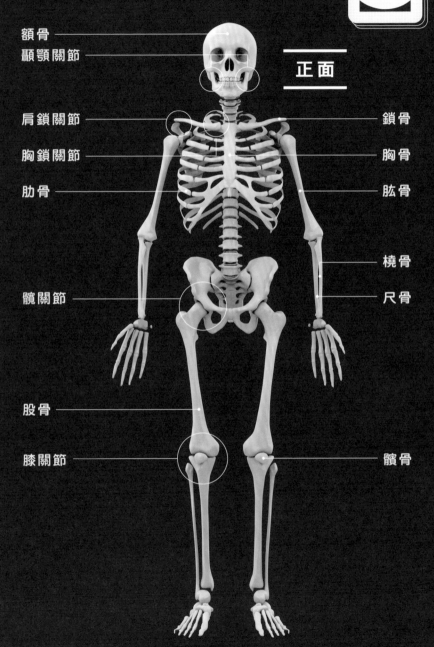

打穩人體基礎的關節與骨骼

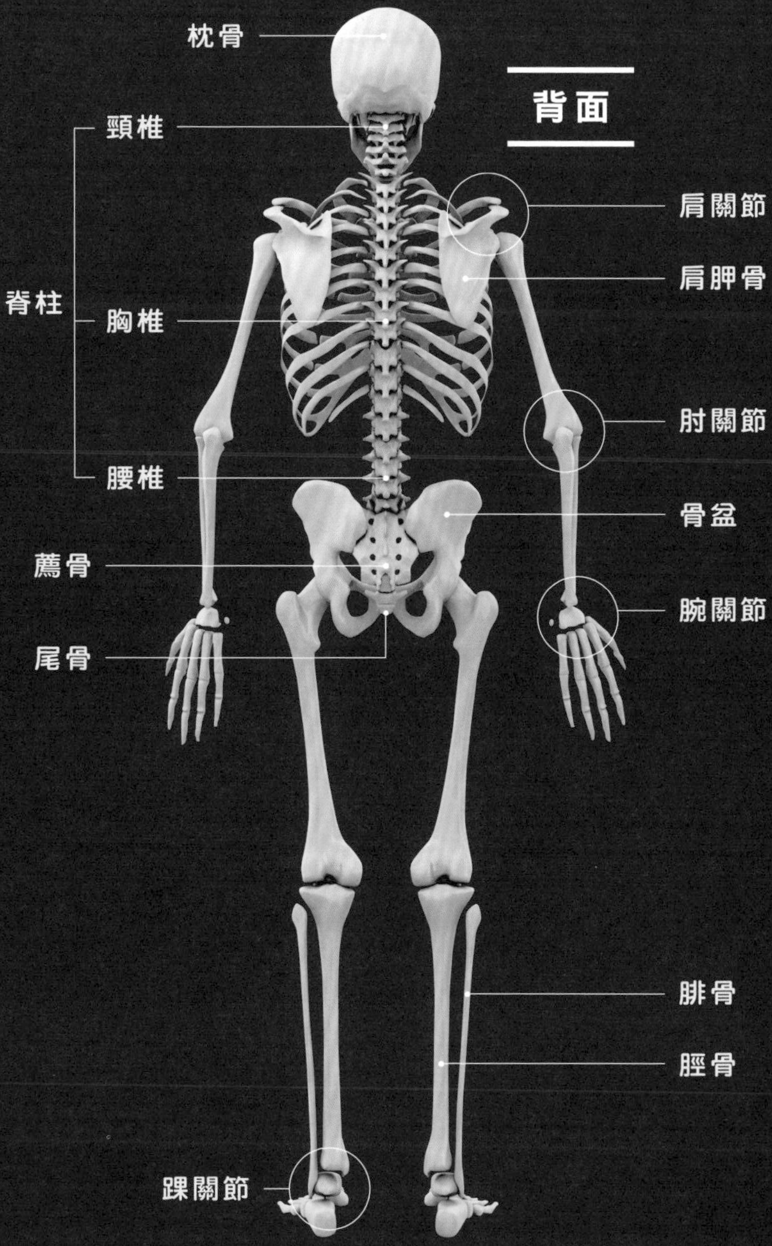

顏面表情肌一覽

臉部肌肉一般稱為顏面表情肌。
眼睛或嘴巴的開闔，展現笑容或悲傷的表情，
顏面表情肌讓我們表現喜怒哀樂，建立人與人之間的交流。
這裡要為你介紹主要的顏面表情肌。

正面

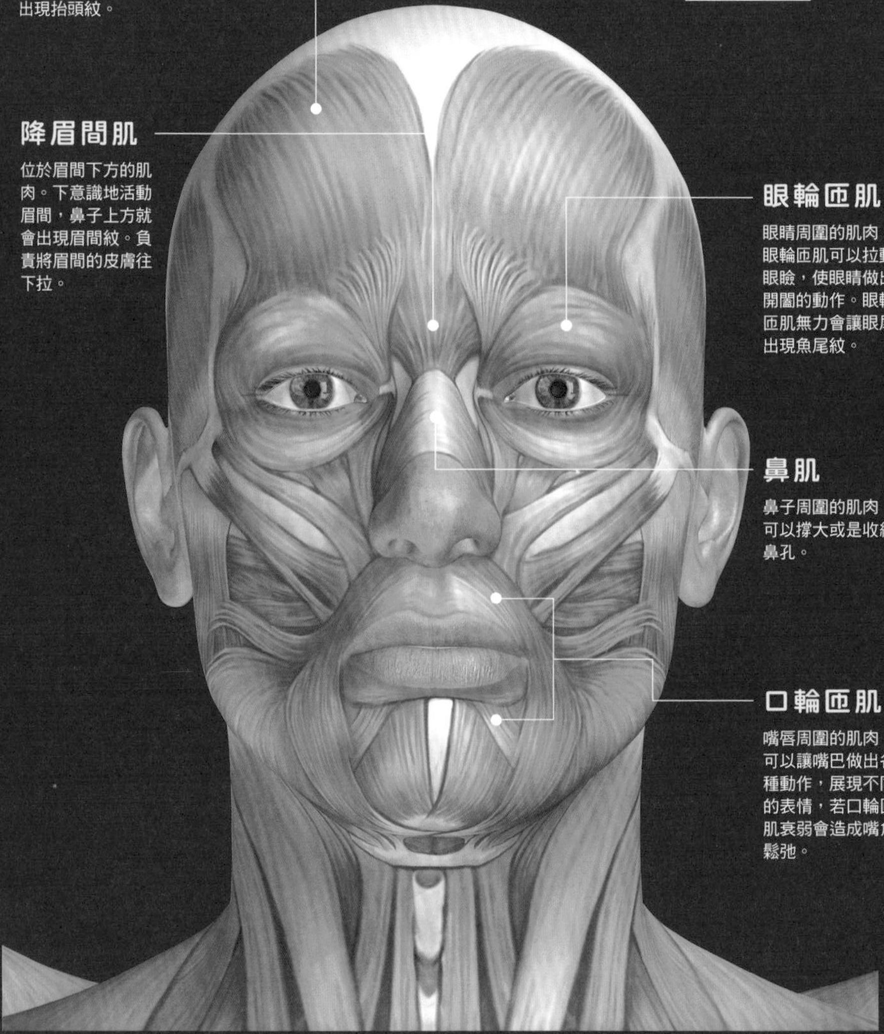

額肌

從眉毛上方開始延伸的肌肉負責拉緊眉毛附近的皮膚，使眉毛上提。額肌無力，容易讓額頭出現抬頭紋。

降眉間肌

位於眉間下方的肌肉。下意識地活動眉間，鼻子上方就會出現眉間紋。負責將眉間的皮膚往下拉。

眼輪匝肌

眼睛周圍的肌肉。眼輪匝肌可以拉動眼瞼，使眼睛做出開闔的動作。眼輪匝肌無力會讓眼尾出現魚尾紋。

鼻肌

鼻子周圍的肌肉。可以撐大或是收縮鼻孔。

口輪匝肌

嘴唇周圍的肌肉，可以讓嘴巴做出各種動作，展現不同的表情，若口輪匝肌衰弱會造成嘴角鬆弛。

展現喜怒哀樂的臉部肌肉

頰肌

從顳顎關節連接至口角的深層肌肉。可以使口角上提，但頰肌無力會造成口角下垂。

顴大肌

斜斜地切過臉頰的肌肉，協助臉部做出笑臉。笑的時候，顴大肌會收縮，這時摸一摸顴骨的位置就能感受到顴大肌。

顴小肌

從鼻子側邊開始，通往鼻肌、上唇的肌肉，協助臉部做出笑臉。可以牽動上唇上提或後拉。

笑肌

展現笑容時不可或缺的一種肌肉。從臉頰延伸至口角，有時會形成酒窩。

頦肌

從嘴唇下方延伸至下巴的肌肉。下巴的前端部分稱為下頦部，頦肌負責拉提皮膚，拉出下巴的線條。

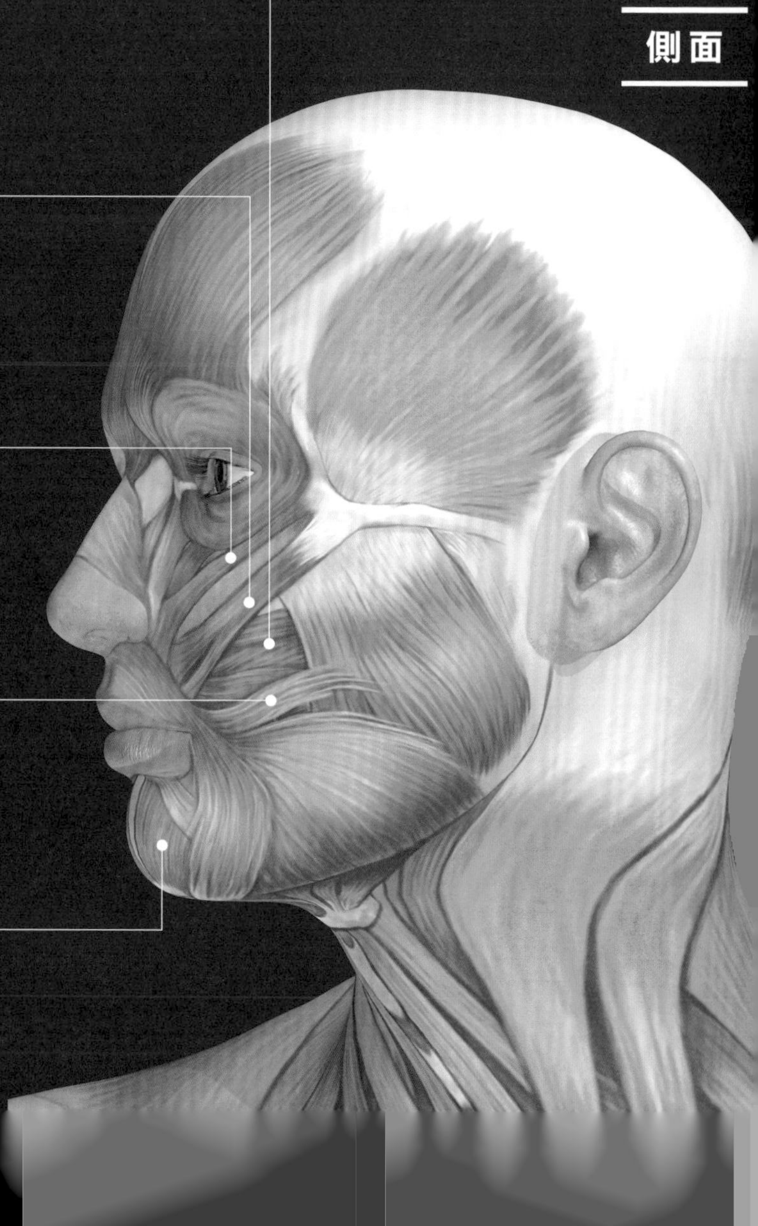

人體主要肌肉一覽

骨骼負責形成人體，
而讓骨骼動起來的引擎，正是本書的主角「肌肉」。
人的全身大約有超過400條骨骼肌，肌肉收縮可使人體產生動作。
就讓我們複習一下書中介紹過的各種肌肉吧。

正面

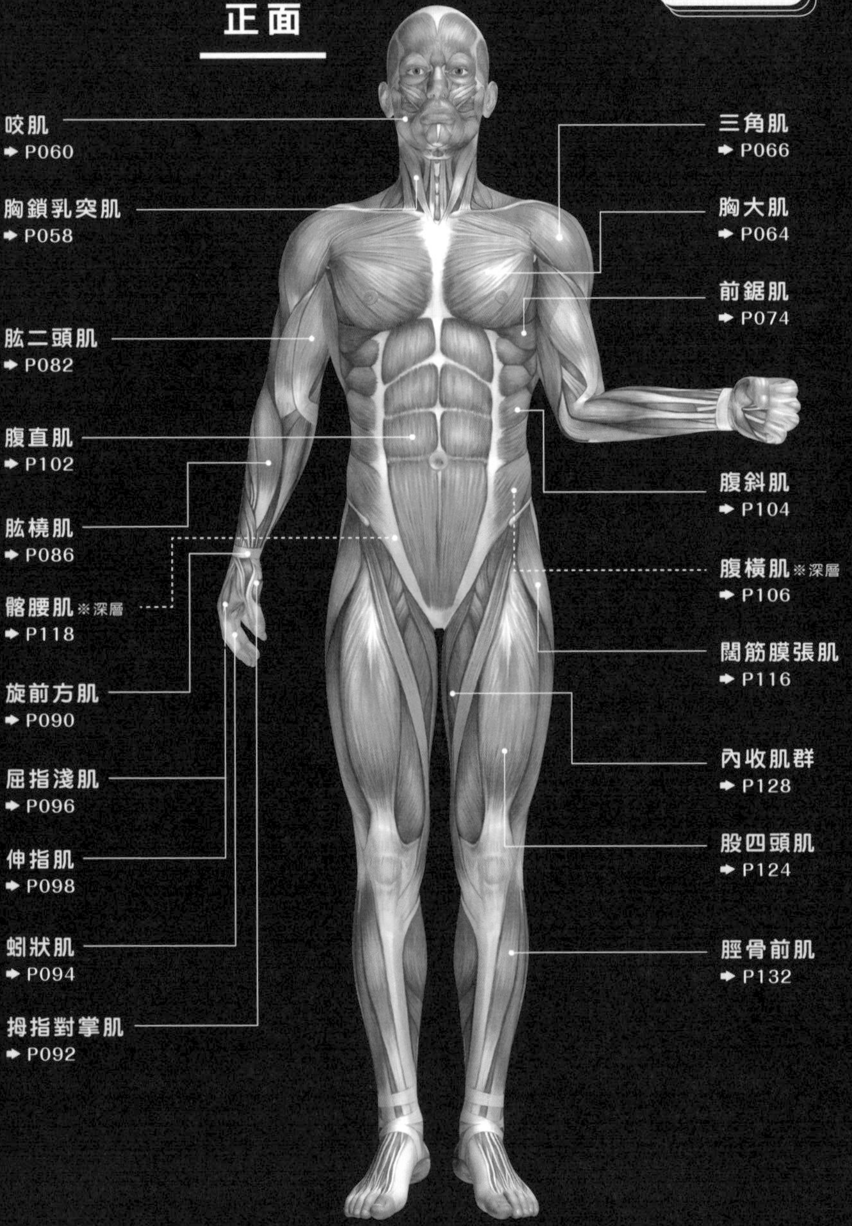
咬肌
➡ P060
胸鎖乳突肌
➡ P058
肱二頭肌
➡ P082
腹直肌
➡ P102
肱橈肌
➡ P086
髂腰肌※深層
➡ P118
旋前方肌
➡ P090
屈指淺肌
➡ P096
伸指肌
➡ P098
蚓狀肌
➡ P094
拇指對掌肌
➡ P092
三角肌
➡ P066
胸大肌
➡ P064
前鋸肌
➡ P074
腹斜肌
➡ P104
腹橫肌※深層
➡ P106
闊筋膜張肌
➡ P116
內收肌群
➡ P128
股四頭肌
➡ P124
脛骨前肌
➡ P132

肌肉是發動人體的引擎

背面

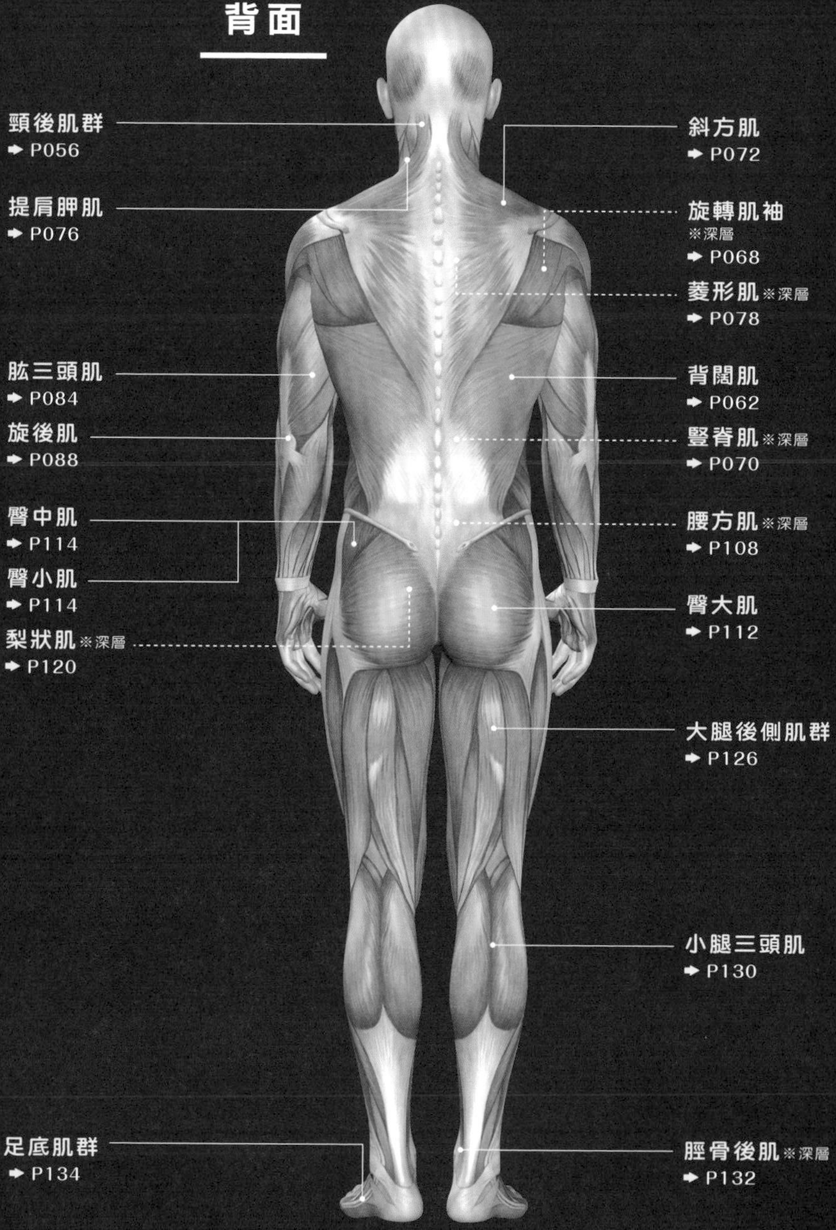
頸後肌群
➡ P056
提肩胛肌
➡ P076
肱三頭肌
➡ P084
旋後肌
➡ P088
臀中肌
➡ P114
臀小肌
➡ P114
梨狀肌※深層
➡ P120
足底肌群
➡ P134
斜方肌
➡ P072
旋轉肌袖
※深層
➡ P068
菱形肌※深層
➡ P078
背闊肌
➡ P062
豎脊肌※深層
➡ P070
腰方肌※深層
➡ P108
臀大肌
➡ P112
大腿後側肌群
➡ P126
小腿三頭肌
➡ P130
脛骨後肌※深層
➡ P132

肌肉構造大圖鑑

出　　版／楓書坊文化出版社
地　　址／新北市板橋區信義路163巷3號10樓
郵政劃撥／19907596　楓書坊文化出版社
網　　址／www.maplebook.com.tw
電　　話／02-2957-6096
傳　　真／02-2957-6435
監　　修／石山修盟
翻　　譯／林芷柔
責任編輯／江婉瑄
內文排版／洪浩剛
校　　對／邱鈺萱
港澳經銷／泛華發行代理有限公司
定　　價／360元
初版日期／2021年4月

國家圖書館出版品預行編目資料

肌肉構造大圖鑑 / 石山修盟監修 ; 林芷柔譯. -- 初版. -- 新北市 : 楓書坊文化出版社, 2021.04　面；　公分

ISBN 978-986-377-660-4（平裝）

1. 人體解剖學　2. 肌肉

394.2　　110001379

監修／石山修盟

1961年9月30日出生。日本體育大學體育學部畢業，畢業後任職於Nike Japan，擔任運動防護員。而後進入日本鍼灸理療專門學校、日本柔道整復專門學校研修。筑波大學大學院體育研究科修畢，主攻健康教育學，取得體育學碩士學位。於2001年成立RENIART，2004年辭任。2005年至2009年間執教於仙台大學體育學部，擔任准教授。2018年任職於日本體育大學，擔任保健醫療學部整復醫療學科的准教授。於1991年東京世界田徑錦標賽，以及1992年巴塞隆納夏季奧林匹克運動會，擔任陸上競技日本選手團教練。亦曾任1999年世界盃橄欖球賽及其他賽事的日本橄欖球代表隊指導員，長期活躍於體育圈。能代工業高中籃球社（1984～2012）、三得利（SUNTORY）橄欖球隊團隊指導（2000～2003）。日本奧林匹克委員會選手強化教練、日本體育協會公認運動傷害防護員。